锚索和锚杆
理论基础、作用机理及工程应用

孙学毅 孙 玥 孙 凯 著

科学出版社
北 京

内 容 简 介

本书系统介绍锚索、锚杆的理论基础、作用机理和工程应用。阐述依据最大张力点确定锚索、锚杆长度，依据圣维南力作用局部性原理确定其间距，得出锚索、锚杆平衡条件相反，应变相容条件不同，边界条件各异，两者不属同一支护结构的结论。在分析压力型锚索应力分布规律基础上研制出压剪筒及扩大头压剪筒压力型锚索。锚索、锚杆地下工程应用将新奥法发挥围岩自承能力思路扩展到加固部分塑性松动区围岩作为承载结构。在地面工程应用方面，提出安全系数是动态的。根据动态规划和施工力学构造解决问题的函数。在抗浮工程应用方面，分析锚索、锚杆抗浮机理，给出重力抗浮方法，将地基处理与锚杆抗浮组合为一体。书中采用流动理论建立流动方程描述钢绞线的应力松弛，得出流动方程是麦克斯韦方程的普遍形式。建议根据松弛时间对工程中服务的锚索进行补张拉，恢复锚索设计预应力。在修建浅埋地下工程方面，建立“施工单元”的概念，并给出用四边简支矩形薄板的纳维解答作为施工单元的力学模型。

本书可供从事岩土加固的工程技术人员参考，也可供岩土方面硕、博研究生及导师参考。

图书在版编目（CIP）数据

锚索和锚杆理论基础、作用机理及工程应用 / 孙学毅, 孙玥, 孙凯著. 北京 : 科学出版社, 2025. 6. -- ISBN 978-7-03-080271-2

Ⅰ. TU753. 8

中国国家版本馆 CIP 数据核字第 2024K1N866 号

责任编辑：王　钰　杨　昕 / 责任校对：王万红

责任印制：吕春珉 / 封面设计：东方人华平面设计部

科学出版社 出版

北京东黄城根北街 16 号

邮政编码：100717

http://www.sciencep.com

北京中科印刷有限公司印刷

科学出版社发行　各地新华书店经销

*

2025 年 6 月第　一　版　开本：B5（720×1000）

2025 年 6 月第一次印刷　印张：9 3/4

字数：120 000

定价：98.00 元

（如有印装质量问题，我社负责调换）

销售部电话 010-62136230　编辑部电话 010-62138978

序　一

本著作是在我的建议下问世。孙学毅学弟与我有 50 多年的交往，在多次学术会议上一起交流。我邀请他参加我的多位硕士、博士研究生论文答辩，他都给学生诚恳而尽心的帮助。我当选为中国科学院院士，他第一个向我祝贺。

孙学毅于 1983 年提出的最大张力点的论点得到法国、德国、英国、日本和澳大利亚学者的认可，后来美国学者将最大张力点作为确定锚杆长度的依据并编入相关规范。

2021 年，孙学毅等又提出圣维南原理是确定锚索的依据，在学术上很有创意。在半个多世纪的时间里，孙学毅等研制出端锚预应力注浆全长锚固锚杆，发明了地面开挖控制变形工法、边坡锚固工法；分析了压力型锚索受力，并在此基础上研发出压剪筒压力型锚索、扩大头压剪筒压力型锚索。

在锚索、锚杆用于抗浮工程方面他们也作出了贡献，依据圣维南（Saint-Venant）原理、布西内斯克（Boussinesq）问题分析了锚索、锚杆抗浮机理，提出锚杆重力抗浮方法。

近年来，孙学毅等又把精力转向锚索钢绞线的应力松弛研究。钢绞线应力松弛是必然的，因此对工程中服务的锚索必须采取补充张拉措施恢复设计预应力。这种做法与音乐界弦乐器演奏前进行定调一样，目的是克服金属丝的应力松弛。

孙学毅曾与我多次研讨过浅埋地下工程的修建。他们在管棚法的基础上增加预应力锚索超前支护，并提出“施工单元”的概念，所建立的力学模型从概念发展到计算，跨进了一步。

孙学毅等经过 50 多年的努力，在锚杆、锚索理论研究和工程应用领域作出了贡献。这本著作概念清楚，理论严谨，在工程上也很有价值，书中内容都来自工程实践。因此本著作是一本不可多得的好书，可供岩土专业硕士、博士研究生及岩土工程师参考。

同济大学岩土与地下工程专业荣誉资深教授
中国科学院（技术科学学部）院士

2023 年 5 月 1 日于沪滨同济校园

序　二

本书是作者两代人从事岩土锚固工作 50 多年的总结，书中凝聚着他们的辛劳和成果。从 1983 年孙学毅在国际会议上提出最大张力点的论点以来，一家两代人孜孜不倦地从事这方面的研究和工程应用。新奥法研究获得的成果，他们学得透、应用得好，令我高兴。

阅读了全书内容梳理了结构，具体如下：

第 1 章以边坡工程为例，基于三套方程（平衡微分方程、几何方程、物理方程）说明锚杆与锚索的不同之处，很有说服力，这是从感性到理性的认识。

第 2 章论述锚索、锚杆设计的理论基础。

第 3 章给出压力型锚索受力分析。

这两章是有进展性的内容，体现在依据圣维南（Saint-Venant）原理确定锚索问题和建立压力型锚索受力的微分方程等方面。

第 4 章、第 5 章是锚索、锚杆的工程应用，给出设计思路和工程应用实例，很受工程界欢迎。

第 6 章论述锚索、锚杆抗浮，提出重力抗浮方法，在工程中很有价值。重力抗浮是将地基处理与锚杆抗浮组合成一体，这一方法属首次提出。此外，本章指出用拉力型锚索造成的工程投资浪费不可忽视，应引起工程界重视。

第 7 章分析锚索钢绞线应力松弛，提出根据松弛时间进行锚索补充张拉力，恢复设计预应力。建议将补充张拉恢复设计预应力这种做法纳入相关规范。这项工作也是有进展性的内容，学术上有价值，工程上有意义。本章提出应力松弛，使锚杆轴向拉应力降低，对锚杆后期工作状态有益。这一论点新颖，值得今后进一步进行研究。

第 8 章提出在公园绿地下面修建地下空间，有实用价值，提出的“施工单元”概念是具有进展性的内容。将施工单元的力学模型归结到四边简支矩型薄板弯曲是科学的，解决了地下空间顶底板的受力计算问题。

本书系统性强，从理论分析到工程应用过程完整。在理论分析方面，作者注重建立力学模型，建立比较完备的微分方程，因此所得结果可信，能够满足工程需要。

总之，本书是一本不可多得的好书，可供从事岩土加固的工程技术人员参考，也可供岩土工程专业硕士、博士研究生及教师参考，开卷有益。

中国工程院院士 郑颖人

2023 年 5 月 30 日

序 三

本书是作者两代人勤奋工作 50 多年取得的成果。孙学毅年轻时就随同我参加金川巷道地压的研究。孙学毅提出用最大张力点确定锚杆长度的论点我是支持的，1983 年在伦敦国际会议上发表了这一论点，受到学者们认可。之后孙学毅带领孙凯、孙玥研发了端锚预应力注浆全长锚固锚杆。这种新型锚杆的力学行为与锚索相一致，可与锚索同时施工。作者在海南从事软土坑基设计与施工期间研发了“地面开挖控制变形”工法，并获得授权发明专利。在我著的《复杂条件下围岩稳定性与岩体动态施工力学》一书出版之后，孙学毅等也发表了相关著作。由于基坑是分层开挖，他们提出安全系数是动态的。同时，作者将压力型锚索归结到开尔文（Kelvin）问题，建立了较完备的微分平衡方程，求得压力型锚索内锚端侧壁剪应力和轴向应力的分布规律。作者在受力分析基础上研发出压剪筒压力型锚索和扩大头压剪筒压力型锚索。这两种锚索深受工程界欢迎并得到应用。近年来作者提出依据圣维南（Saint-Venant）原理确定锚索、锚杆间距是有进展性的内容，值得称赞。

本书第 6 章引用布西内斯克（Boussinesq）问题分析锚杆抗浮机理并提出重力抗浮方法属首创，学术上有价值，工程上有意义。重力抗浮方法使锚杆抗浮与地基处理组合为一体，便于施工，节省造价，工程可靠。

本书第 7 章论述锚索、锚杆应力松弛与流变破坏。应用流动理论描述锚索钢绞线应力松弛属首次提出，得出的流动方程是麦克斯韦

（Maxwell）方程的普遍形式。这一结果说明通常用 Maxwell 方程描述钢绞线的应力松弛有局限性，也就是说钢绞线并不完全符合 Maxwell 体。

根据钢绞线的流变曲线求得的松弛时间在工程上有重大意义，可根据松弛时间确定工程中服务的锚索补充张拉的时间间隔，进而进行补张拉，以恢复锚索的设计预应力。

作者分析得出高应力大变形的锚索易发生流变破坏。事物都有两方面，大变形的锚索有它的优势，但若易于流变破坏也应引起注意。这方面今后应进一步进行研究。

本书最后一章提出在公园绿地下面修建停车场、购物中心。作者提出“施工单元”的概念并给出力学模型为浅埋地下工程顶底板受力计算提供理论依据。

总之，本书是一本不可多得的好书，我乐于作序，并表示祝贺。

波兰科学院博士
中科院武汉岩土力学所第一届副所长　朱维申
二级教授、博士导师

2024 年 7 月 3 日

序　　四

本书是作者两代人历时半个多世纪研究和应用锚杆、锚索取得成果的总结。阅读之后体会到本书概念清晰、理论系统性完整，每章都有自己的见述。

第 1 章从 3 套基本方程（平衡微分方程、几何方程，物理方程）来论述锚杆与锚索不同之处当属首次，指出了锚杆与锚索的平衡条件相反，不能同时施工，锚索自由伸长段不能限制岩土体平移或刚体转动，因此锚索与锚杆的几何方程不同。锚索一般只应用于弹性阶段，锚杆一般应用于弹塑性阶段，因此物理方程也不同。锚杆与锚索的边界条件也各异。

由此看出作者对锚索、锚杆不同之处的分析是从事物的内在规律出发，有助于对本质的认识，是有进展性的。

第 2 章提出圣维南（Saint-Venant）原理是确定锚杆、锚索间距的理论基础。首先说明力的作用和传递的局部性，然后引用布西内斯克（Boussinesq）问题求得锚索应力传递范围仅有 5m 距离，由此得出结论，主张大间距、大吨位锚索的做法在工程上是不可取的。

第 3 章对压力型锚索受力进行了分析，将问题归结到无限大空间体内一点受集中力的作用[开尔文（Kelvin）问题]，建立比较完备的微分平衡方程，求得了压力型锚索内锚端侧壁剪应力和轴向应力的分布规律。根据所得结果研发出压剪筒压力型锚索、扩大头压剪筒压力型锚索，并成功地应用于工程。

第 4 章扩展了新奥法（new Austrian tunneling method，NATM）的思路，新奥法原有思想是发挥围岩的自承能力。作者将新奥法扩展到用锚索、锚杆加固围岩，使部分塑性圈变成承载结构，承担加固圈以外围岩的变形压力。将加固圈视为钢筋岩石组合的一个受外压作用的厚壁筒，然后求解承载力。

第 5 章提出由于基坑工程开挖是分层进行的，安全系数是动态的。锚索、锚杆在地面工程应用方面，构筑了“地面开挖控制变形”工法和锚固工法，给出了锚固工法的“三剑客”。

第 6 章论述了锚索、锚杆抗浮机理，利用弗拉芒特（Flamant）问题和布西内斯克（Boussinesq）问题描述锚杆抗浮机理，由此深层次地揭示了锚杆抗浮内在规律。作者提出的重力抗浮方法，深受工程界欢迎。重力抗浮将锚杆抗浮与地基处理组合成一体，施工简便，节省工程造价。

第 7 章作者论述了锚索、锚杆应力松弛及流变破坏。引用流动理论建立方程描述锚索钢绞线松弛，结果得出流动方程是麦克斯韦（Maxwell）方程的普遍形式，可见 Maxwell 方程有局限性，也就是说钢绞线并不完全符合 Maxwell 体。

作者根据钢绞线流变曲线求得松弛时间，根据松弛时间确定工程中服务的锚索补张拉的时间间隔，进而进行补张拉，以恢复锚索设计预应力。

锚索应力松弛是必然的，工程中服务的锚索恢复设计预应力是必须的，因此作者的分析有学术价值，也是工程需要。

第 8 章是作者前瞻性的构想。作者提出在公园绿地下面修建停车场、购物中心，提出的“施工单元”概念和给出的力学模型为浅埋地下工程顶底板受力计算打下基础。

总之，本书是一本不可多得的好书，以上所写表示祝贺。

中国工程院院士
教授、博士导师
东北大学校长

2024年6月1日

序　　五

锚索、锚杆在岩土工程加固中占据着重要位置，作者从事半个多世纪锚索、锚杆应用与研究，本书是作者在这方面取得成就的总结。

本书注重建立正确概念，然后将问题归结到经典力学模型求解。作者从三套方程（平衡微分方程、几何方程、物理方程）入手得出结论：锚索、锚杆的平衡条件相反，应变相容条件不同，边界条件各异，因此不能直接组合（同时施工）。这种深层次的揭示锚索、锚杆的不同属首次提出。

作者提出依据最大张力点确定锚索、锚杆长度（1983），依据圣维南原理确定锚索、锚杆间距（2021），在学术上有价值，在工程界得到应用。

作者对压力型锚索做受力分析，在此基础上研发出压剪筒压力型锚索、扩大头压剪筒压力型锚索，发展了锚索体系，并在工程中得到应用，属有进展性内容。

作者将加固部分塑性区形成承载体系的理论移植到新奥法，扩展了新奥法的思路，使原本发挥围岩自承能力的思路发展为提高围岩的自承能力。

作者对锚索、锚杆用于抗浮工程也作出了贡献，利用圣维南（Saint-Venant）原理、布西内斯克（Boussinesq）问题分析了锚索、锚杆抗浮机理，提出重力抗浮方法，将锚杆抗浮与地基处理组合成一个整体，节省工程造价。

作者对锚索钢绞线应力松弛的研究是有进展性的内容。应用流动理论建立方程描述钢绞线应力松弛，得出流动方程是麦克斯韦（Maxwell）

方程的普遍形式。根据钢绞线的流变曲线求得应力松弛时间，根据松弛时间确定工程中服务的锚索补张拉的时间间隔，进而进行补张拉，以恢复锚索设计预应力，对加固的岩体稳定具有重要意义。

作者提出修建浅埋地下空间是前瞻性课题。在公园绿地下面修建停车场、购物中心，是人们长久以来的愿望。作者提出的“施工单元”概念并给出力学模型，为地下空间顶底板受力计算打下基础。

总之，本书是锚索、锚杆研究的专著，作者 50 年磨一剑，值得祝贺。本书出版对促进锚索、锚杆的应用和发展会起到积极作用。

中国工程院院士
教授、博士导师
重庆大学副校长

2024 年 7 月 27 日

序　　六

学而不厌，诲人不倦。值孔子诞辰之日，撰写此序。

孙学毅老先生是本书的主要作者，他长期从事岩土工程锚固的全链条工作，涵盖技术研发、设计、咨询、施工与管理等，十分注重理论联系实践。孙先生与我的导师孙钧教授、杨林德教授相当熟识，他们在我学生时代就来往频繁。孙老先生平易近人，十分关心我的成长。多年来，我们一直有联络，他不断地有新的研究成果呈现给大家，是岩土工程界的常青树。

本书是孙学毅老先生及两位传承者从事锚杆（索）研究与应用50余年的工作结晶，主要成果有：提出了依据最大张力点确定锚杆（索）长度和依据圣维南（Saint-Venant）原理确定锚杆（索）间距的方法；基于围岩自承能力，进一步分析了不稳定围岩体的整体与局部加固机理，提出了利用部分塑性区围岩与锚杆（索）组成的复合承载体系；发明了地面开挖控制变形方法，提出分层开挖基坑的动态安全系数概念，推动了边坡和基坑工程的设计前动态规划方法发展；研制了与锚索力学行为相一致的端锚预应力注浆全长锚固锚杆，且可与锚索同时施工；将压力型锚索归结为无限体内受集中力作用的开尔文（Kelvin）问题，给出了压力型锚索内锚端侧壁剪应力和轴向应力的分布规律，并据此研发了压剪筒压力型锚索和扩大头压剪筒压力型锚索；提出了考虑锚杆与地基加固体一体化的重力抗浮方法，并利用弹性半无限体中的弗拉芒特（Flamant）问题和布西内斯克（Boussinesq）问题的线弹性理论解定量分析了锚杆抗浮的受力机理，被工程界积极采用；针对钢绞线、螺纹钢筋杆体的应力松弛问题，提出了补张拉恢复锚索设计预应力的思路和方法。

本书系统性强，是一本兼顾理论与实践的好书，可为广大岩土工程师、硕士研究生和博士研究生及高校教师提供参考和借鉴。“终身治学”的孙先生更是大家学习的榜样。

同济大学教授
中国工程院院士
2024 年 9 月 28 日

前　言

本书问世有 3 个目的：一是回报老一代专家多年的指教；二是向同行专家表示谢意，有多位青年专家从毕业起就与作者共勉，相互鼓励；三是服务于岩土工程界。

本书共分 8 章，以下是本书有进展性内容的几个方面：

（1）1983 年，孙学毅在英国伦敦召开的第一届国际岩石锚固学术会议上发表全长锚固锚杆最大张力点（中性点）的论点得到学者们认可。之后，法国、德国、英国、日本和澳大利亚同行修建锚杆墙时以最大张力点作为确定锚杆长度的理论依据。这是因为最大张力点在滑动面上，有了最大张力点就可以确定活动区锚杆长度，由此可确定稳定区内锚杆长度，进而可求得锚杆设计全长。

（2）提出圣维南原理是确定锚索、锚杆间距的理论依据。这种提法是从感性认识到理性认识的飞跃。

圣维南（Saint-Venant）力作用局部性思想是指力在物体中传递范围是有限的，被称为圣维南原理。锚索、锚杆作用于岩土体上，力的传递服从圣维南原理是必然的，工程中采用的锚索、锚杆间距符合圣维南原理。作者用布西内斯克（Boussinesq）问题分析了一根 3000kN 锚索，得出距离作用点 1m 处水平应力为 66kPa，距离作用点 5m 处水平应力几乎为零的结论，这说明锚索、锚杆在岩土体内应力传递是有限的。

（3）论述大变形条件下支护与围岩相互作用，在围岩未达到塑性平衡状态之前围岩作用于支护上的力一直在增加，要求支护结构应为增阻结构。根据弹塑性解唯一性定理，支护特性曲线与围岩变形曲线只能相交于一点，此时围岩达到塑性平衡状态，径向位移停止。因此要求支护结构强度和变形量满足围岩达到塑性平衡时的要求。如果单一锚索、锚杆不能满足要求，则应采用组合结构。组合结构应能实现变形量叠加，支护反力叠加，叠加后满足围岩达到塑性平衡状态的要求。

（4）论述锚索、锚杆不属于同一种结构，得出结论：锚索、锚杆平衡条件相反，应变相容条件不同，边界条件各异，两者不能同时施工。

（5）作者在傅作新教授指导下对压力型锚索受力进行了分析，建立的微分方程是完备的。根据分析结果，孙玥、孙凯研制的压剪筒压力型锚索、扩大头压剪筒压力型锚索获得授权实用新型专利。压剪筒压力型锚索受力端锚固体抗压强度提高 5 倍，剪应力峰值降低 2/3，可取代 3 个锚头压力分散型锚索。压剪筒压力型锚索、扩大头压剪筒锚索深受工程界欢迎，得到广泛应用。

（6）介绍作者创生的“地面开挖工程控制变形工法”，该工法获得授权发明专利，被广泛应用于基坑开挖工程。书中介绍了作者研发的边坡修建工程中的“锚固工法”，该工法用于边坡加固工程很受欢迎。

（7）介绍锚索、锚杆用于抗浮工程。作者参与了十几个抗浮工程的施工建设，从中体会到锚索、锚杆抗浮的内在规律（机理），作者将其归结到弗拉芒特（Flamant）问题和布西内斯克问题并提出重力抗浮结构，将地基处理和抗浮组合成一体。书中指出拉力型锚索不宜用于抗浮工程，因为每根锚索会浪费 5～7m 锚索长度。书中建议，一层地下室抗浮最好选用全长锚固锚杆，施工时先施工抗浮锚杆、后施工建筑物底板；二层、三层地下室抗浮采用压力型锚索，先施工建筑物底板、后施工抗浮锚索。以上思路是在动态规划基础上遵循施工力学、圣维南原理而获得的。

（8）介绍锚索应力松弛及流变破坏。对锚索、锚杆应力松弛进行理论分析。首先用麦克斯韦（Maxwell）模型（松弛模型）分析锚索钢绞线的应力松弛，发现 Maxwell 体与钢绞线材料有一定的差距。在此基础上引用流动理论建立流动方程，描述钢绞线的应力松弛，得出了满意的结果。值得指出的是，流动方程是 Maxwell 方程的普遍形式。

提出应力松弛对锚杆是好事，可降低杆体内的拉应力，有利于稳定。据查这种提法在国内属首次。

根据钢绞线室内流变试验曲线大变形，以及长江三峡船闸锚索应力损失观测结果分析认为，目前面临的工程锚索应力损失严重主要是由锚梁下面的地基“下沉”引起的，应改进锚梁的设计和施工。

书中着重指出：钢绞线应力松弛是不可克服的，只能根据求得的松弛时间进行锚索补张拉，恢复设计预应力。

书中提出：在流变条件下钢绞线强度往往不取决于材料的屈服极限或强度极限，而是由在给定的工作期限和温度下导致破坏的应力，即长期强度所决定的。大变形的锚索易于发生流变破坏，希望工程界引起注意。

（9）介绍修建浅埋地下建筑物的构想。人们游玩、购物分开，很不方便。若在公园绿地下面修建多层、多连体的地下空间供停车、购物，将会给人们带来极大的便利。修建地下浅埋空间结构的关键是顶、底板和侧墙。侧墙可用排桩一次性超前完成施工，因此只需重点解决顶、底板的问题。为了解决顶板的力学计算，首先论证材料力学梁的解答在此不适用，进而给出弹性力学简支梁受均布荷载解答。在此基础上将问题归结到薄板弯曲，提出“施工单元”的概念。施工单元的力学模型选用薄板弯曲，进而给出四边简支矩形薄板的纳维（Navier）解答。通过纳维解答分析得出如下结论：

① 施工单元中弯应力和扭应力最大，计算薄板的内力时，主要计算弯矩和扭矩。因此，顶底板结构设计时应按双向弯矩配筋。

② 应力分量σ_x、σ_y、τ_{xy}的最大值发生在板面，τ_{xz}及τ_{xy}的最大值

发生在板的中面，σ_z 最大值发生在板的上面。因此，设计时应根据内力分布规律确定顶、底板的结构。

③ 施工单元中心弯矩 M_x 和 M_y 最大。因此，若施工单元尺寸较大，则在施工单元中心设置一个构造柱用以减小 M_x、M_y 值，这样施工单元的力学计算问题基本解决。

本书着重建立正确的概念。因为概念是对事物本质的认识、理解、感悟与理性经验的抽象。本书是两代人奋斗 50 多年成果的结晶，其份量远超出“十年磨一剑”。

感谢师长和新一代几位院士为本书作序，先后顺序按收到日期排列。

目 录

第1章 概 述

1.1 锚索

锚索由外锚头、内锚头、锚体（钢绞线）和锚固体（一般为水泥）组成。拉力型锚索通过张拉并锁定自由伸长段钢绞线实现施加预应力。压力型锚索钢绞线全长都可以自由伸长，锁定的应力均匀分布在钢绞线的全长上。锚索的应用广泛，如边坡、坝体、军工硐库、建筑基础加固等。地面工程锚索利用滑动面以内的稳定区锚固滑动区的岩土体。地下工程锚索利用弹性区围岩锚固塑性区破裂的围岩使其稳定。地下工程锚索与锚杆组合加固部分塑性区围岩使其变成承载环，承载环外围岩的变形压力。

最先在岩石锚固工程中应用的是拉力型锚索。拉力型锚索除张拉段可以自由伸长外，大部分钢绞线都与锚固体黏结。随着材料科学的不断进步，无黏结钢绞线应运而生，并逐渐被引入到锚索工程领域，从而发展出了压力型锚索。压力型锚索采用无黏结钢绞线，全长可以自由伸长，这一特性从根本上改变了锚固体的受力状态。拉力型锚索锚固体受拉，拉力是从自由段末端向岩土体内部传递。压力型锚索锚固体受压，压力是从孔底向岩土体外部传递。

1.1.1 锚索的加固作用

锚索的加固作用主要体现在以下几个方面。

1. 改善应力场

锚索一经拉紧，原有应力场即可得到改善，力学模型如图 1-1 所示。比较图 1-1（a）与（b）可以看出，施锚后由于增加了滑动面上的正压力，使应力增加，滑动摩擦力减小，因而有利于边坡稳定。

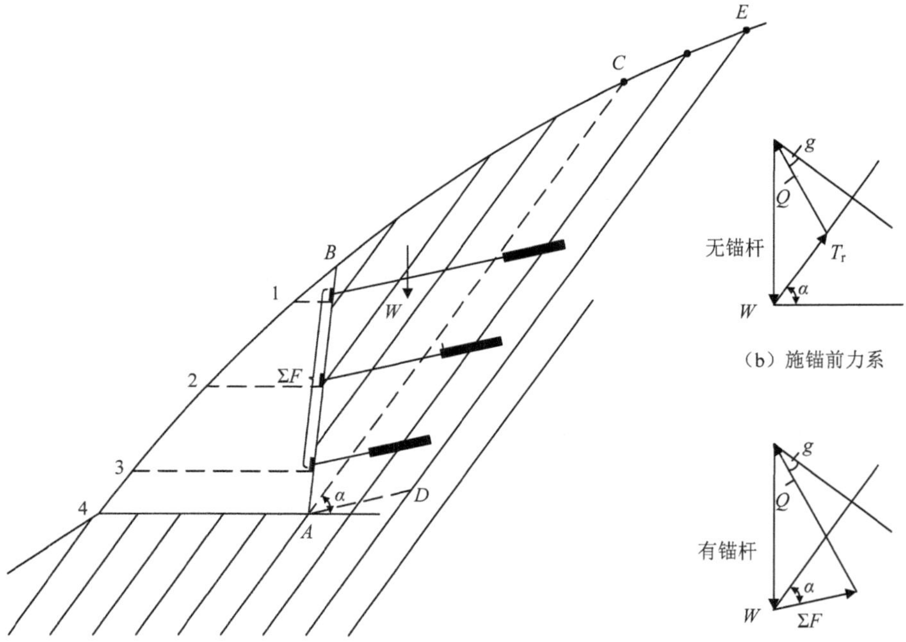

（a）施锚的边坡

（b）施锚前力系

（c）施锚后力系

W——滑体重力；T_r——滑体分解在滑动面上的阻滑力；ΣF——锚索的锚固力；α——滑体的滑动角；g——锚索与水平面的夹角；Q——重力及锚固力分解在滑动面上的正压力。

图 1-1　锚索改善应力场的力学模型

2. 防止岩土体破裂

拉紧的锚索能维持岩土体在原地不动，是一种防止岩土体破裂的有效措施，如图 1-2 所示。

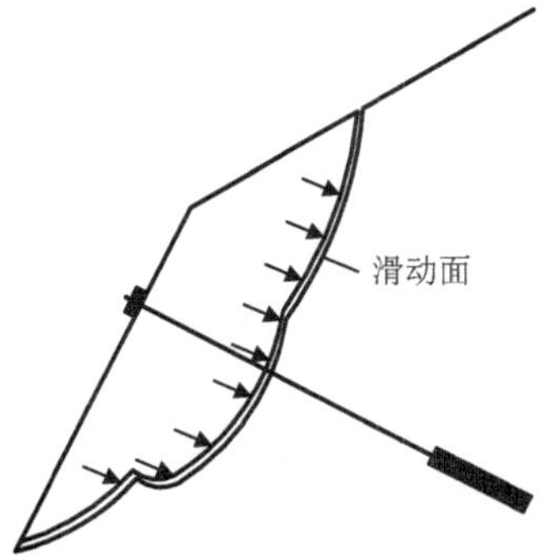

图 1-2 拉紧的锚索防止岩土体破裂图示

3. 向深部岩土体传递外力

如图 1-3 所示，在坝体顶部对锚索施加一个预应力（外力），锚索的预应力可以将坝体稳定在基岩上，此时锚索不起加固作用，而是传递外力稳固结构物。

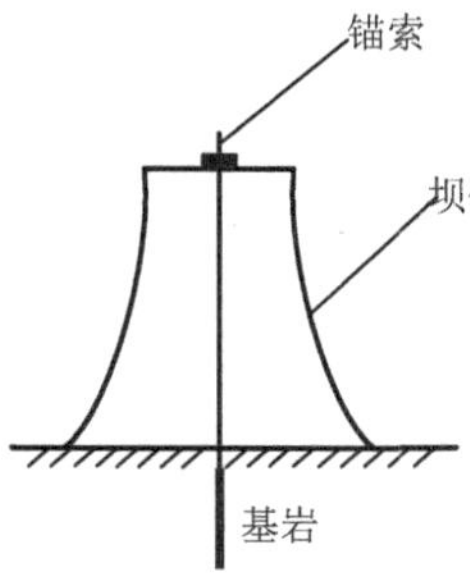

图 1-3 向深部岩土体传递外力图示

4. 改善岩土体受力状态

弹性体的受力，通常用一点的应力状态来描述。在体内取一个微分体，求其主面上的主应力。平面问题微分体的主面上有两个主应力，最大主应力 σ_1 和最小主应力 σ_3。如果在边坡表面安设锚索施加一个面力（外力），则内力即发生变化。弹性体内一点的剪应力 $\tau=\dfrac{\sigma_1-\sigma_3}{2}$，若在边坡表面取一点$\sigma_3=0$，则此处$\tau=\sigma_1/2$。施锚后$\sigma_3>0$，则$\tau$减小，使边坡表面避免破坏。

1.1.2 拉力型锚索评述

拉力型锚索锚固体受拉，由于锚固体材料一般为水泥结石体，抗拉性能很差，容易被拉坏。

拉力型锚索为了传力，设计时滑动面上锚体与锚固体无黏结，称为自由段。边坡工程、基坑工程自由段是一个变量，上部长、下部短。锚索张拉的自由伸长段是一个常量，一般为6～7m。自由伸长段是锚索张拉、锁定预应力所必需的。为了保证自由伸长段长度的要求，边坡、基坑的下部有时会造成锚索设计长度的浪费。

若孔口处发生位移$+\Delta u$（方向向外），这个位移引起的钢绞线产生应变范围只在自由段内（$l_{自由}$），由于自由段长度远小于钢绞线的全长，故拉力型锚索发生的应变大，引起的应力变化也大。当位移为$-\Delta u$（方向向内）时，拉力型锚索产生的应力损失大。

1.1.3 压力型锚索评述

压力型锚索锚固体受压，水泥结石体抗压强度比抗拉强度高2倍以上，因此不易被压坏。压力型锚索的锚体采用无黏结钢绞线，全长可自由伸长，自动满足自由段、自由伸长段的要求。当孔口发生位移$\pm\Delta u$时，产生的应变范围是锚索的全长，即应变小于拉力型锚索产生的应变。若位移为$-\Delta u$时，锚索将产生应力损失，也就是说当孔口处下沉时压力型锚索产生的应力损失远小于拉力型锚索产生的应力损失。

1.1.4 压力分散型锚索评述

压力分散型锚索于1980年前后由日本传入中国。压力分散型锚索力学模型上存在缺陷，施工工艺繁杂，防腐难度大，不易监测受力变化，现分析如下。

1. 力学模型分析

由于各级钢绞线长度不等，即$L_1>L_2>L_3$（L_1、L_2和L_3分别表示三级钢绞线的长度），张拉锁定时很难保证应力$p_1=p_2=p_3$。锚索在服务期间，钢绞线“应力松弛”不可避免，特别是当锚索孔口处发生位移$\pm\Delta u$时，各级钢绞线的预应力损失或预应力增加不等，会导致锚索工作状态不佳。

由于$L_1>L_2>L_3$，因此$\varepsilon_1<\varepsilon_2<\varepsilon_3$，$\Delta p_1<\Delta p_2<\Delta p_3$（$\Delta p=A\cdot E\cdot\varepsilon$，$A$为钢绞线的截面积，$E$为弹性模量，$\varepsilon$为弹性应变）。

这个结果犹如一把小提琴，每根弦各有各的调，无法达到预期的均匀受力状态，而压力分散型锚索需要的是各级压力相同。

根据圣维南（Saint-Venant）原理，由于$p_1\neq p_2\neq p_3$，静力不等效，因此合力不通过锚板的形心，锚索受力状态不均匀，进而影响锚索的工作状态。

2. 锚索加工、安装工艺分析

如图1-4所示，设某一压力分散型锚索分为A、B、C 3个锚头，锚头间隔5m，则A、B、C距锚索孔口的距离为$L_A=20$m，$L_B=15$m，$L_C=10$m，锚索与水平面夹角为15°。

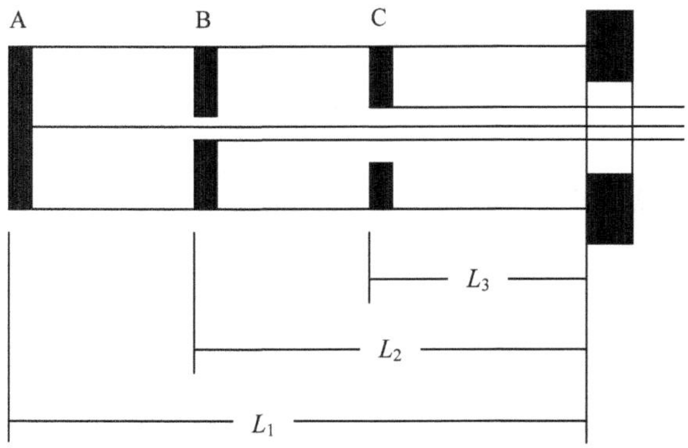

图 1-4　压力分散型锚索分析

由于孔内有 3 个锚头，锚索制作加工量增加 2 倍。接踵而来的放索难度增加，防腐难度也增加，并且要求各级钢绞线的编号一定不能错编或缺失。

由于孔内有 3 个锚头，增加了注浆阻力，影响注浆质量。由于 3 个锚头位置不同，锚固体的密度也不同。孔底锚头距孔口高差 5m，水泥浆自重 2.4kN；孔口锚头距孔口高差 2.5m，水泥浆自重 1.2kN，孔底锚头锚固体的密度大于孔口锚头锚固体的密度，这将导致两者与孔壁的黏结力不同。

压力分散型锚索张拉锁定工艺繁杂而且质量不易保证。

由于 A、B、C 三级钢绞线集中在一个承压锚板上，为了实现 $p_A=p_B=p_C=p/3$，需要有专用的张拉锁定工具与特殊的工艺，难度很大。

基于压力分散型锚索在理论上、安装工艺上存在的不足，孙凯、孙玥研制了一种压剪筒压力型锚索，于 2008 年获得受权实用新型专利（专利号：ZL200720146776X）。压剪筒压力型锚索可取代 3 个分散锚头的压力分散型锚索（详见第 3 章内容）。

1.2　锚杆

目前工程中广泛采用的全长锚固锚杆，杆体通常为精轧螺纹钢筋，锚固体为水泥结石体。安置在岩土体中的锚杆在与岩土体共同变形的过程中因约束岩土体变形而受力。锚杆对岩土体起约束作用是因为杆体的弹性模量远大于岩土体的弹性模量。

孙学毅整理 500m 深隧道锚杆受力观测资料时发现，孔口附近处一点轴向力最大，剪应力为零，该点两侧剪应力符号相反，该点即最大张力点。1983 年，在英国伦敦召开的第一届国际岩石锚固学术会议上，孙学毅提出了这一论点，受到与会者认可。

1985 年，法国学者开始进行锚杆的试验研究，证实了锚杆在受力过程中，孔口附近处的一点即为最大张力点这一结论。德国、美国学者在随后的 7 年内以此为依据修建了几十座锚杆墙。1996 年美国交通部联邦公路总局编写了《锚杆墙设计施工与监测手册》，书中设计时确定锚杆长度的理论基础就是孙学毅提出的最大张力点。

分析如下：滑动面是由最大张力线组成的一个曲面，最大张力线是由最大张力点构成的。滑动面外侧锚杆称为张拉段。当求解张拉段锚杆的长度 $L_{拉}$ 后，锚固段锚杆长度等于张拉段锚杆长度乘以安全系数 k，两段锚杆长度之和即为锚杆全长 $L_{锚}$：

$$L_{锚}=L_{拉}+kL_{拉} \tag{1-1}$$

由此得出结论：最大张力点是确定锚杆长度的理论基础。

为了深层次表示最大张力点的含义，孙玥、孙凯从变分原理出发，以位移作为未知量，建立微分平衡方程。如此，将力学上的平衡问题归结为数学上的极值问题，即变分问题，这种方法在理论层面进一步提升了对最大张力点的理解和分析。最大张力点在应力水平高的隧道或软岩隧道支护中具有重要的理论和工程意义。基于这一论点，孙学毅、孙玥研制了一种钢管端锚预应力注浆全长锚固锚杆（简称 MY 锚杆）。

山东小官庄铁矿隧道支护中成功应用了 MY 锚杆技术。在该工程中，共安装了 3600 根 MY 锚杆，用于支护长度达 340m 的隧道。MY 锚杆与锚索组合用于边坡加固的成功案例包括马钢二期山体边坡和海南昌江公路边坡的加固工程。

由于存在初期端锚预应力，MY 锚杆与锚索可同时施工成为互补的组合支护结构，从而克服了普通全长锚固锚杆不能与锚索同时施工的缺陷。

1.3 全长锚固锚杆受力传递规律

研究表明全长锚固锚杆受力传递规律应考虑锚杆直径和岩体刚度的影响。

傅作新教授研究得出结论：当杆长 L 与杆直径 D 之比（长径比）为一定值时，杆的受力特点与材料的刚度系数 K 有如下关系：

$$K=\frac{E_{杆}}{E_{岩}} \tag{1-2}$$

式中 K——材料的刚度系数；

$E_{杆}$——锚杆的弹性模量；

$E_{岩}$——岩土体的弹性模量。

分析得出全长锚固锚杆主要受力传递长度，在硬岩中一般为 $30D$～$50D$，在软岩中一般为 $100D$～$150D$。由这一结果可知：$E_{岩}$ 越大，锚杆受力传递长度越小；$E_{岩}$ 越小，锚杆受力传递长度越大。

上述分析结果可供确定锚固区锚杆长度参考。假定锚杆长度取 15m，

锚杆孔直径 D 取 0.06m，安全系数 k 取 1.5，则硬岩中锚杆传力长度可取 50×0.06×1.5=4.5（m）；软岩中锚杆传力长度可取 100×0.06×1.5=9（m）。

上述结果是锚杆轴向力传递范围理论分析的结果，具体确定锚固段长度，应在现场通过拉拔试验确定。

1.4　锚索与锚杆的区别

有一种观点认为，可将锚索、锚杆归结为一种结构，即将钢绞线理解为杆。作者认为这种提法不妥。现以边坡加固中锚索、锚杆来说明两者基本方程形式及边界条件的区别。

边坡工程是一个空间问题。由于边坡较长，且各段几何形状基本相同，所承受的体力和约束条件也基本相同，因此可以将边坡工程简化为近似平面应变问题。

1. 锚索作用下岩土体的平衡微分方程

在岩土工程中，锚索被用来在岩土体的边界上施加一个面力（压力），以提供额外的稳定性。在岩土体内任一点取一个微分体，根据平衡条件可导出如下面力分量与体力分量之间的关系——平衡方程：

$$\begin{cases}\dfrac{\partial\sigma_x}{\sigma x}+\dfrac{\partial\tau_{yx}}{\partial y}+f_x=0\\[2ex]\dfrac{\partial\sigma_y}{\sigma y}+\dfrac{\partial\tau_{xy}}{\partial x}+f_y=0\end{cases}\tag{1-3}$$

式中　f_x、f_y——体力分量；

σ_x、σ_y、τ_{xy}、τ_{yx}——面力分量，σ 为正应力，τ 为剪应力。

这个微分方程中包含 3 个未知函数 σ_x、σ_y、$\tau_{xy}=\tau_{yx}$，因此，决定应力分量的问题是超静定的，还必须考虑几何学和物理学方面的条件才能求解。

当研究平面问题任一点的应力状态时可知，它有两个主应力：最大主应力σ_1和最小主应力σ_3。由于决定岩土体发生剪切破坏的是主应力差$(\sigma_1-\sigma_3)/2$，因此边坡工程中常增加σ_3，使τ_{max}减小。当τ_{max}小于岩土体的抗剪强度τ_f时，岩土体不发生剪切破坏。边坡工程采用预应力锚索增加σ_3改善岩土体受力状态起加固作用就是这个道理。尽管平衡微分方程是完备的，但是求解却非常困难。由于锚索的受力特性可简化为轴对称问题，学者们将拉力型锚索的受力归结为半空间体在边界上受法向集中力，对这个问题布西内斯克（Boussinesq）给出了圆满解答；将压力型锚索的受力归结为空间体内部受集中力。以上研究结果有效地指导了锚索的设计计算。

2. 锚杆的平衡微分方程

由于锚杆不是在岩土体表面施加一个压力，而是在岩土体内部约束岩土体的变形，显然式（1-3）不适用于锚杆。

孙学毅根据现场观测结果分析提出：全长锚固锚杆在轴向上某点轴力最大，该点侧壁剪应力为零，称该点为中性点（即最大张力点）。根据这一结果分析认为最大张力点在滑动面上。滑动面上部岩土体称为活动区，滑动面下部岩土体称为稳定区。稳定区内锚杆通过活动区锚杆侧壁黏结力拉住活动区的岩土体，使其保持稳定。

对于系统安装的锚杆（锚杆墙），同一断面竖向锚杆最大张力点的连线即为最大张力线（滑动线），横向（长度方向）最大张力线连结面即为滑动面。求解边坡工程的滑动面，锚杆的设计问题即可解决。

3. 几何方程

锚索的作用是在岩土体表面施加一个压力。在边界上，这个压力可视为一种面力作用。x 方向、y 方向的线应变和 xy 方向的切应变可表示如下：

$$\begin{cases} \varepsilon_x = \dfrac{\partial u}{\partial x} \\ \varepsilon_y = \dfrac{\partial v}{\partial y} \\ \gamma_{xy} = \dfrac{\partial v}{\partial x} + \dfrac{\partial u}{\partial y} \end{cases} \tag{1-4}$$

式（1-4）即为弹性体的几何方程。几何方程表明变形分量与位移分量之间的关系，但由于锚杆的工作环境复杂，变形特性非线性，以及界面作用显著，其直接适用性受到限制。

由几何方程可知，当物体的位移分量完全确定时，变形分量即完全确定。反之，当变形分量完全确定时，位移分量却不能完全确定。这是因为物体在变形时存在与变形无关的位移——刚体位移。

刚体位移即变形分量等于零的位移，即 $\varepsilon_x = \varepsilon_y = \gamma_{xy} = 0$ 。此时：

$$u = u_0 - wy, \quad v = v_0 + \omega x \tag{1-5}$$

式中 u_0、v_0——物体沿 x 轴及 y 轴方向的刚体平移；

ω——物体绕 z 轴做刚体转动的角速度。

锚索有一个自由伸长段，由于索体是柔性的，自由伸长段内索体与被锚固的岩土体处于无黏结状态，因此自由伸长段内锚索不能限制岩土体产生刚体平移或刚体转动。锚杆与锚索不同，锚杆与锚固体、岩土体全长黏结，岩土体变形时不可能产生刚体平移或刚体转动。

由此认识到：锚索与锚杆的几何方程有所不同。

4. 物理方程

锚索加固岩土体的物理方程为

$$\begin{cases}\varepsilon_x=\dfrac{1-\mu^2}{E_{岩}}\left(\sigma_x-\dfrac{\mu}{1-\mu}\sigma_y\right)\\ \varepsilon_y=\dfrac{1-\mu^2}{E_{岩}}\left(\sigma_y-\dfrac{\mu}{1-\mu}\sigma_x\right)\\ \gamma_{xy}=\dfrac{2(1-\mu)}{E_{岩}}\tau_{xy}\end{cases} \tag{1-6}$$

式中　μ——岩土体的泊松比。

物理方程表明变形分量与应力分量之间的关系。

锚索与锚杆的物理方程有所不同，即式（1-6）的第一项ε_x（水平方向应变）有以下不同：锚索的应变是钢绞线张拉锁定过程中产生的应变，基本上是一个常量；锚杆的应变是在与岩土体共同变形过程中产生的，锚杆的ε_x是一个变量。一般锚索和锚杆物理方程中的ε_y、γ_{xy}项不考虑。

此外，在工程应用中，锚杆在服务期间锚杆体常处于弹塑性变形阶段，锚杆的物理方程需要考虑界面的软化和滑移特性，其应力-应变关系是非线性的；锚索通常工作在弹性阶段，其物理方程基于线性弹性理论。

5. 边界条件

边界条件表示在边界上位移与约束或应力与面力之间的关系。

锚索与锚杆的边界条件截然不同。锚索是典型的面力边界，而锚杆安装初期在岩土体边界上面力为零。锚杆的最大张力点距岩土体表面有一个距离，而且最大张力点是一个动点，边坡施工过程中随着岩土体不断被扰动，最大张力点会往岩土体内部移动。

上述分析表明：锚索与锚杆平衡条件相反，应变相容条件不同，边界条件各异。基于此，笔者认为锚索与锚杆是两种不同的支护结构。

1.5 工程中锚索、锚杆受力量测

工程应用中服务的锚索、锚杆要求按比例观测受力变化。锚索在孔口处安装测力计观测应力变化。测力计采用钢弦压力仪，全长锚固锚杆采用 CGN 型量测锚杆，观测锚杆体整体受力。CGN 型量测锚杆由孙凯研制，其原理是用钢管代替螺纹钢筋杆体，两者的截面积相等，材料弹性模量相同，用千分表（或其他手段）测量锚杆整体的伸长量ΔL。锚杆整体受力表示如下：

$$p=\frac{\Delta L}{L}E_{杆}A \tag{1-7}$$

式中 p——锚杆整体受力；

ΔL——锚杆整体的伸长量；

L——锚杆整体长度；

$E_{杆}$——锚杆的弹性模量；

A——锚杆的截面积。

1.6 隧道收敛观测

为了观测隧道收敛（径向变形），孙凯研发了 KM-1 型收敛计，在工程中得到广泛应用。该收敛计因其创新性和实用性获得了 1993 年安徽省科技发明成果金奖。

本章小结

本章首先介绍了锚索的加固作用，拉力型、压力型锚索结构，从结构合理性、锚索长度有效利用率、锚固体材料特性发挥、抗震性能、适应工程环境变化能力等方面论述了压力型锚索优越于拉力型锚索。

接着介绍了作者提出的最大张力点是确定锚索、锚杆长度的理论基础。基于此，研制了端锚预应力注浆全长锚固锚杆，这和锚杆先施加预应力后注浆，力学行为与锚索相一致，可与锚索同时施工。

最后从平衡微分方程、几何方程、物理方程、边界条件着手，分析了锚索、锚杆的不同之处，指出：锚索与锚杆平衡条件相反，应变相容条件不同，边界条件各异，认为锚索与全长锚固非预应力锚杆是两种不同的支杆结构，不能同时施工。

参 考 文 献

傅作新，梅明荣，张燎军，等，1999．大型船闸闸墙锚杆的分析与设计[J]．岩土工程学报，32（1）：60-65．

彭宣茂，傅作新，张子明，1991．岩基中的垂直锚杆与分析[J]．岩土工程学报，13（5）：54-63．

孙凯，2000．补偿水泥浆收缩压力注浆工艺研究[C]//中国岩石力学与工程学会第六次学术大会论文集．武汉：中国岩石力学与工程学会：799-800．

孙凯，邓汉荣，1998．深基坑护壁设计问题探讨[J]．海南矿冶，8（2）：15-19．

孙凯，孙学毅，2010．预应力锚索加固黏性土坡设计分析[J]．预应力技术（3）：19-20．

孙凯，孙学毅，孙玥，2021．岩土锚固机理与工程实践[M]．北京：化学工业出版社．

孙凯，孙玥，2006．拉力型、压力型预应力锚索受力分析及工程应用[C]//第九届全国岩石力学与工程学术大会论文集．北京：科学出版社：165-173．

孙凯，孙玥，2018．压剪筒压力型预应力锚索是最适合的锚索[C]//岩土锚固技术的新发展与工程应用．北京：人民交通出版社：129-134．

孙学毅，1979．软岩隧道中砂浆锚杆支护机理的初步探讨[J]．地下工程（4）4：26-30．

孙学毅，1981. 量测径向位移判别隧道稳定性的研究[J]. 地下工程（5）：15-17.

孙学毅，1982. 软弱岩体隧道喷锚支护稳定性分析[J]. 地下工程（2）：15-18.

孙学毅，1984. 高应力地区和软弱围岩地下工程砂浆锚杆[J]. 煤炭学报（2）：61-67.

孙学毅，1985. 膨胀岩特性研究及其在工程中的应用[J]. 岩土工程学报，7（2）：46.

孙学毅，1988. 张家洼矿区隧道喷锚支护设计与施工[J]. 煤炭学报（3）：60-65.

孙学毅，1996. 管式端锚注浆锚杆原理及应用[J]. 海南矿冶，6（1）：10-15.

孙学毅，2000. KM-1 型收敛计、SW 型位移计及 CGN 型量测锚杆在大变形岩土工程中的应用[C]//中国岩石力学与工程学会第六次学术大会论文集. 北京：中国科学技术出版社：801-803.

孙学毅，2003. 软弱岩体中椭圆形巷道喷射纤维混凝土支护机理探讨[J]. 预应力技术（6）：29-32.

孙学毅，2004. 边坡加固机理探讨[J]. 岩石力学与工程学报，23（16）：2818-2823.

孙学毅，2006. 喷锚支护位移监控理论分析与工程应用[J]. 预应力技术（6）：19-22.

孙学毅，2006. 压力分散型、拉压分散型预应力锚索若干问题讨论[J]. 预应力技术（3）：20-21.

孙学毅，傅作新，2008. 地震与锚固系统的抗震分析及各种类型锚索对动荷载反应[J]. 预应力技术（3）：32-33.

孙学毅，甘国荣，2016. 预应力锚索在边坡工程治理应用中的思考[J]. 预应力技术（5）：19-21.

孙学毅，刘或，甘国荣，等，2005. 越南胡志明路某边坡加固设计研究[J]. 岩石力学与工程学报，24（A02）：5413-5417.

孙学毅，刘璇，刘成洲，等，2004. 压力型预应力锚索受力分析[J]. 预应力技术（2）：3-6.

孙学毅，钟瑞辉，刘璇，等，2004. 预应力锚索结构分析及受力思考[J]. 预应力技术（1）：27-32.

王启德，1966. 应用弹性理论[M]. 北京：机械工业出版社.

吴家龙，2001. 弹性力学[M]. 北京：高等教育出版社.

徐芝伦，1978．弹性力学[M]．北京：人民教育出版社.

徐志英，1993．岩石力学[M]．北京：中国水利水电出版社.

杨桂通，1998．弹性力学[M]．北京：高等教育出版社.

S.P.铁摩辛柯，J.M.盖莱，1958．弹性稳定理论[M]．张福范，译．2 版．北京：科学出版社.

第 2 章
锚索、锚杆设计理论基础

锚索、锚杆设计的主要内容包括长度和间距确定，施工过程中的动态规划和力学分析。设计思路的科学性取决于理论基础和工程实践经验。

第 1 章给出最大张力点是确定锚索、锚杆长度的理论依据，最大张力点是应力传递规律的特征点，应力传递规律服从圣维南原理。地面工程（锚杆墙、边坡、基坑）最大张力点在滑动面上，地下工程（巷道、隧道、硐库）最大张力点在弹性区与塑性区交界面上。

本章重点论述圣维南原理是确定锚索、锚杆间距的理论依据。

2.1 圣维南原理

1855 年，圣维南提出力作用局部性原理，称为圣维南原理。锚索、锚杆应力传递规律服从圣维南原理，其具体表述如下。

表述一：如果把物体的一小部分边界上的面力变换为分布不同但静力等效的面力（主矢量相同，对同一点的主矩也相同），那么近处的应力分布将有显著的改变，但是远处所受的影响可以不计。在求解弹性力学问题时应力分量、变形分量和位移分量等必须满足区域内的三套方程，还必须满足边界上的边界条件，但要使边界条件得到全部满足，往往困难较大。圣维南原理可为简化局部边界上的应力边界提供很大方便。

表述二：作用在物体上的力传递范围是有限的，只在近处引起很大的应力集中，远处影响很小。弹性力学中无限体内一点受集中力作用（开尔文问题）、半无限体表面受法向集中力作用（布西内斯克问题）的分析结果都说明应力传递规律服从圣维南原理。

表述三：若在物体任一小部分上作用一个平衡力系，则该平衡力系在物体内所产生的应力分布仅局限于该力系作用的附近区域，在离该区域相当远处，这种影响便急剧地减小。

如图 2-1 所示，用钳子夹住一直杆就等于在杆上加一组平衡力系，当这个平衡力系很大，直到将直杆夹断时，力也不会传到远处（只能在虚线圆的范围内）。

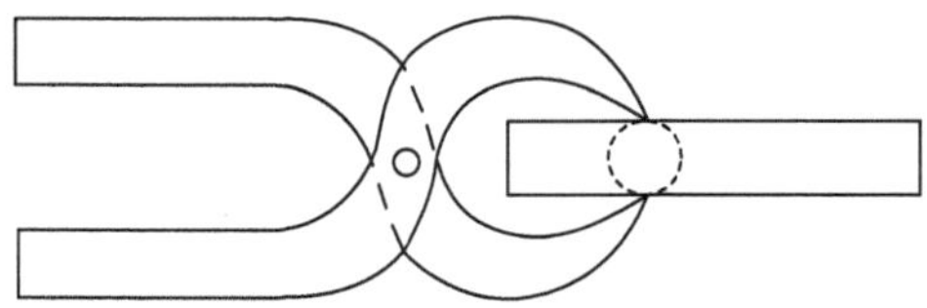

图 2-1　圣维南原理——力作用的局部性

2.2　拉力型锚索应力传递

拉力型锚索的力学模型可以归结为半无限体表面一点受法向集中力作用力的问题，这一问题与经典的布西内斯克问题相似，引用布西内斯克问题说明锚索间距服从圣维南原理。布西内斯克问题如下：设有一半空间体，不计体力，在其水平边界面上受法向集中力 F 作用，如图 2-2 所示。这是一个轴对称的空间问题，对称轴就是力 F 的作用线。因此，把 z 轴放在 F 的作用线上，坐标原点 O 放在 F 的作用点上。

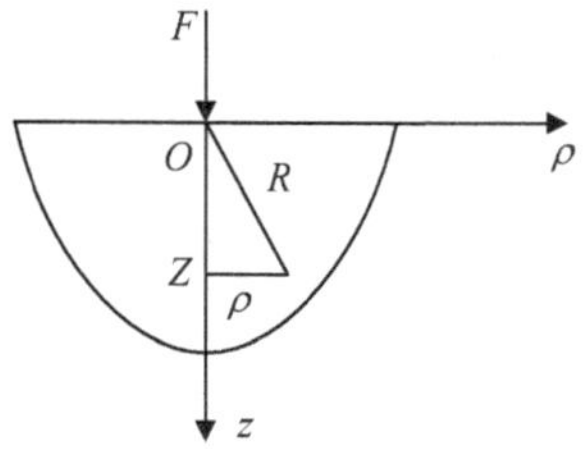

图 2-2　半空间体水平边界受法向集中力 F 作用

采用按位移求解。在这里，由于不计体力，因此，两个位移分量 u_ρ 和 u_z 满足如下基本微分方程：

$$\begin{cases}\dfrac{1}{1-2\mu}\dfrac{\partial\theta}{\partial\rho}+\nabla^2 u_\rho-\dfrac{u_\rho}{\rho^2}=0\\ \dfrac{1}{1-2\mu}\dfrac{\partial\theta}{\partial z}+\nabla^2 u_z=0\end{cases}\tag{2-1}$$

式中　$\theta=\dfrac{\partial u_\rho}{\partial\rho}+\dfrac{u_\rho}{\rho}+\dfrac{\partial u_z}{\partial z}$，$\nabla^2=\dfrac{\partial^2}{\partial x^2}+\dfrac{\partial^2}{\partial y^2}+\dfrac{\partial^2}{\partial z^2}$。

在 z=0 的边界面上，除了原点 O 以外的应力边界条件要求如下：

$$\begin{cases}(\sigma_z)_{z=0,\rho\neq0}=0\\ (\tau_{z\rho})_{z=0,\rho\neq0}=0\end{cases}\tag{2-2}$$

此外，在 z=0 表面的原点 O 附近，可以看作一个局部的小边界面作用有面力分量，其合力为作用于 O 点的集中力 F，而合力矩为 0。应用圣维南原理，取出一个 z=0 至 z=Z 的平板脱离体，然后考虑此平板脱离体的如下平衡条件：

$$\sum F_z=0\qquad \int_0^\infty(\sigma_z)_{z=Z}\cdot 2\pi\rho\mathrm{d}\rho+F=0\tag{2-3}$$

由于轴对称，其余的平衡条件均自然满足。布西内斯克得出满足上述一切条件的如下解答：

$$
\begin{cases}
\sigma_{\rho}=-\dfrac{F}{2\pi R^{2}}\left[\dfrac{(1-2\mu)R}{R+z}-\dfrac{3\rho^{2}z}{R^{3}}\right] \\
\sigma_{\varphi}=\dfrac{(1-2\mu)F}{2\pi R^{2}}\left(\dfrac{z}{R}-\dfrac{R}{R+z}\right) \\
\sigma_{z}=-\dfrac{3Fz^{3}}{2\pi R^{5}} \\
\tau_{z\rho}=\tau_{\rho z}=-\dfrac{3F\rho z^{2}}{2\pi R^{5}}
\end{cases} \tag{2-4}
$$

式中　$R=\sqrt{\rho^{2}+z^{2}}$ 。

由式（2-4）可以看出，应力分布具有以下特征。

（1）当 $R\to\infty$时，各应力分量都趋于 0；当 $R\to 0$ 时，各应力分量都趋于无限大。这就是说，在远离集中作用点处应力非常小，在靠近集中力作用点处，应力非常大。

（2）水平截面上应力（σ_z 及 $\tau_{z\rho}$）与弹性常数无关，因而在任何材料的弹性体中都是同样地分布。其他截面上的应力一般随泊松比 μ 的改变而变。

（3）水平截面上的全部应力，都指向集中力的作用点，因为由式（2-4）可得 $\sigma_z : \tau_{z\rho}=z:\rho$。

由此得到如下认识：

（1）圣维南原理是锚索间距确定的理论依据。因为间距的确定是由应力传递规律决定的，应力传递规律服从圣维南原理。

（2）分析结果表明，z、R 不变条件下材料 μ 增大时（除水平截面外），应力 σ_{ρ}、σ_{φ}（环向应力）会减少，即传递范围减小。工程中软岩锚索间距小于硬岩锚索间距，这是因为软岩的 μ 大于硬岩的 μ。

（3）水平截面上的应力分布与弹性常数无关，这说明在水平截面软岩和硬岩具有同样的分布规律，因此在硬岩中企图用增加锚索吨位换取间距增大的想法缺乏充分的理论依据。

下面引用一个工程案例说明应力在硬岩中传递规律：设有一根拉力型锚索，F=3000kN，锚固在 μ=0.2 的岩体中。

（1）R=1.4m，距作用点 1m 处一点的应力由布西内斯克问题解得：

$$\sigma_\rho=158.4\text{kN/m}^2,\quad \sigma_z=266.5\text{kN/m}^2$$

（2）R=7.1m，距作用点 5m 处一点的应力由布西内斯克问题解得：

$$\sigma_\rho=6\text{kN/m}^2,\quad \sigma_z=10\text{kN/m}^2$$

从例子可以看出，距离锚索孔中心 5m 远处，应力几乎传不到了。

2.3　压力型锚索应力传递

压力型锚索归结到无限体内一点受集中力作用的力学模型，引用开尔文问题说明锚索间距确定服从圣维南原理。

设无限大体内部一点受集中力 F 作用，坐标选取如图 2-3 所示。

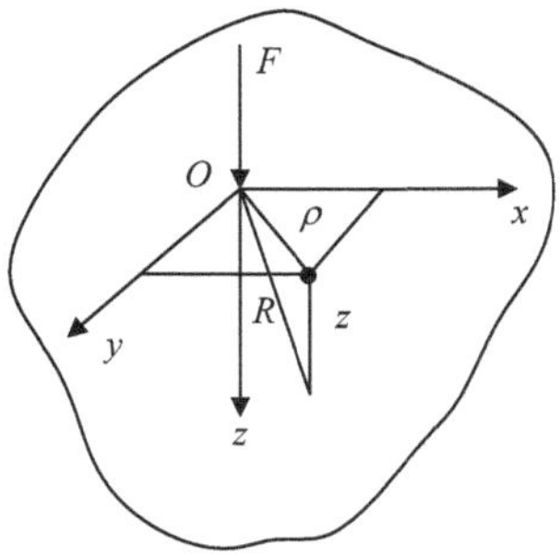

图 2-3　无限大体内部一点受集中力 F 作用

这是一个空间轴对称问题，不计体力时，开尔文问题求解应力分布结果如下：

$$\begin{cases}\sigma_\rho = \dfrac{E}{2(1-\mu^2)}B\left[\dfrac{(1-2\mu)z}{R^3}-\dfrac{3\rho^2 z}{R^5}\right]\\ \sigma_\varphi = \dfrac{E}{2(1-\mu^2)}B\dfrac{(1-2\mu)z}{R^3}\\ \sigma_z = -\dfrac{E}{2(1-\mu^2)}B\left[\dfrac{(1-2\mu)z}{R^3}+\dfrac{3z^3}{R^5}\right]\\ \tau_{\rho z} = -\dfrac{E}{2(1-\mu^2)}B\left[\dfrac{(1-2\mu)\rho}{R^3}+\dfrac{3\rho z^3}{R^5}\right]\end{cases} \tag{2-5}$$

式中 $B=\dfrac{(1+\mu)F}{4\pi E}$。

将式（2-5）整理得

$$\begin{cases}\sigma_\rho = \dfrac{(1+\mu)F}{8\pi(1-\mu^2)}\left[\dfrac{(1-2\mu)z}{R^3}-\dfrac{3\rho^2 z}{R^5}\right]\\ \sigma_\varphi = \dfrac{(1+\mu)F\cdot(1-2\mu)z}{8\pi(1-\mu^2)\cdot R^3}\\ \sigma_z = \dfrac{(1+\mu)F}{8\pi(1-\mu^2)}\left[\dfrac{(1-2\mu)z}{R^3}+\dfrac{3z^3}{R^5}\right]\\ \tau_{\rho z} = \dfrac{(1+\mu)F}{8\pi(1-\mu^2)}\left[\dfrac{(1-2\mu)\rho}{R^3}+\dfrac{3\rho z^3}{R^5}\right]\end{cases} \tag{2-6}$$

（1）从式（2-6）可看出，应力传递规律仍然与材料的弹性模量 E 无关，仅与泊松比 μ 有关。

（2）从式（2-6）可以看出，应力 σ_ρ $\tau_{z\rho}$ σ_z σ_φ 与作用点距离 R 成 3 次方关系衰减，就是说离作用点相当远处几乎传不到应力。

由此可见，压力型锚索应力传递同样服从圣维南原理。

下面仍然采用前例中的数据，观察压力型锚索应力传递结果。

已知锚索预应力 F=3000kN，岩石的泊松比 μ=0.2。

（1）$\rho = z = 1.0$m 处：

$$\sigma_\rho=53.7\text{kN/m}^2,\quad \sigma_z=83.6\text{kN/m}^2$$

（2）$\rho = z = 5.0\text{m}$ 处：

$$\sigma_\rho=1.73\text{kN/m}^2,\quad \sigma_z=4.35\text{kN/m}^2$$

① R=1.4m，距作用点 1m 处一点的应力由布西内斯克问题解得

$$\sigma_\rho=53.7\text{kN/m}^2,\quad \sigma_z=83.6\text{kN/m}^2$$

② R=7.1m，距作用点 5m 处一点的应力由布西内斯克问题解得

$$\sigma_\rho=1.73\text{kN/m}^2,\quad \sigma_z=4.35\text{kN/m}^2$$

将算例计算结果列于表 2-1。

表 2-1　计算结果

锚索类型	距作用点距离/m	σ_ρ/（kN/m²）	σ_z/（kN/m²）
拉力型	1	158.4	266.5
	5	6	10
压力型	1	53.7	83.6
	5	1.73	4.35

从表 2-1 中可看出，压力型锚索应力 σ_ρ 与 σ_Z 衰减速度比拉力型锚索快，比值为

$$\sigma_{\rho压}:\sigma_{\rho拉}=0.34,\quad \sigma_{z压}:\sigma_{z拉}=0.31\ （1\text{m 处}）$$

$$\sigma_{\rho压}:\sigma_{\rho拉}=0.28,\quad \sigma_{z压}:\sigma_{z拉}=0.44\ （5\text{m 处}）$$

虽然上述结果仅为一个例子，得不出规律，但由于应力传递仅与 μ 有关，作者认为理论分析结果值得思考。

2.4　叠加原理的应用

工程中经常用叠加原理有效地处理各种复杂受载的情况，但有些情

况不能应用叠加原理，一种情况是变形较大，另一种情况是叠加之后会引起荷载性质发生变化。例如，杆的纵横向弯曲问题，横向荷载引起的弯曲变形将使轴向荷载产生附加的弯曲效应，而叠加原理没有考虑这种效应，因此不能应用。再如，边坡工程上部采用锚索、锚杆加固，下部采用抗滑桩加固，前者属静力平衡力系，后者属力矩平衡力系，涉及变形。严格来讲，边坡工程上部和下部的安全系数应分别计算。

小变形是叠加原理的基础。弹性力学求解时假定位移和变形是微小的，这样在建立物体变形以后的平衡方程时就可以方便地用变形以前的尺寸来代替变形以后的尺寸，而不至于引起显著的误差。作用于物体表面的力称为外力，外力从物体边界外侧作用于边界。作用于物体内部的力称为内力，如温度变化引起的温度应力。

综上所述，建立在小变形、外力、内力作用下的叠加原理表述如下：

（1）弹性力学边值问题求解时，必须满足基本方程和边界条件。如果采用应力法求解，则所得应力分量必须满足平衡方程、协调方程和边界条件。叠加原理成立的条件为小变形。

（2）在小变形线性情况下，作用在物体上的几组荷载产生的总效应（应力和变形）等于每组荷载单独作用效应的总和。

2.5 组合法则（原则）

岩土工程中时常碰到几种结构、几种力系组合。组合的必要条件是力学行为相一致，充分条件是刚度相匹配、极限应变量相匹配，否则不能直接组合。例如，如下两种情况：

（1）锚索与全长锚固锚杆不能直接组合（不能同时施工）。锚索主动施加一个外力约束岩土体变形。当岩土体产生变形时，因为锚杆体材料的弹性模量远大于岩土体的弹性模量，在共同变形过程中将约束岩土体变形被动受力。两者力学行为相反，平衡条件不同，因此不能直接组合。

（2）当软岩隧道具有大变形的特征时，要求支护结构适应大变形。在这种情况下，锚孔中可同时安装两种锚索，一种是预应力锚索，另一种是非预应力锚索。非预应力锚索在孔口处安装一个压缩弹簧，在隧道变形后期非预应力锚索起支护作用，实现两种支护结构作用力叠加、变形量叠加。

2.6　动态规划与施工力学

工程施工前先编制一个施工组织设计。从某种意义上讲施工组织设计就是动态规划，其目的是构造解决问题的途径。动态规划的具体作用如下：

在完整性较好的岩体边坡工程中，采用锚索与全长锚固锚杆组合支护是一种有效的支护方式。施工顺序如下：先施工锚索，完成对岩体基本控制，然后在锚索间的空隙区域施工锚杆，进一步约束岩体变形。

在软岩或应力水平高的岩体边坡工程中，应采用锚索与 MY 锚杆组合支护或锁定部分预应力的压力型锚索支护的支护方式。因为这种条件下要求及时控制岩体变形。MY 锚杆与锚索同时施工，能够及时全面控制岩体变形。

上文介绍的是动态规划的作用，下文说明施工力学的应用。基坑工程每层开挖都有两个安全系数，一个是开挖瞬间安全系数，称为 $K_{瞬}$；另一个是本层开挖后支护和下层超前支护完成并达到设计要求强度时的安全系数，称为 $K_{终}$。本层开挖后支护和下层超前支护的参数设计应在施工力学指导下进行。支护结构强度和变形能力应满足本层开挖后支护和下层超前支护的要求。

换言之，施工力学是利用力学原理使动态规划具有可行性和科学性。

2.7 正确运用物理概念是设计应遵循的原则

一般地说，工程设计主要依据材料或结构的力学行为。除此而外，还必须建立在正确的物理概念上。现举例说明如下：

（1）在建筑基坑设计中，常采用被动土压力平衡主动土压力的设计思路，其力学行为本身是正确的。然而，在实际工程中，多次因这种设计方法发生事故，主要原因在于物理概念的理解和应用上存在问题。被动土压力形成需要 5 倍的主动土压力形成时的变形量，也就是说主动土压力已经形成时，被动土压力远未形成，形成的作用反力远小于被动土压力。此时设计应给被动土压力除以一个不小于 2 的安全系数。

（2）对于受水平荷载的桩基设计中桩入土深度的计算，传统方法假设桩底可以自由转动，但这种假设与实际情况不符。实际上，桩在受力时并不能在底部自由转动，而是在桩身下部某点发生转动。因此，基于传统假设计算出的入土深度可能偏小，需要在计算结果的基础上增加一段长度，以确保桩的稳定性。

（3）现有的分散压力型锚索合力的计算方法在理论力学和材料力学中是正确的，但这种结构实际工作状态并不理想，原因是求得的合力不通过轴心，导致主矩与未分散前不等，即不服从圣维南原理（静力不等效）。

本章小结

本章首先回顾了最大张力点是锚索、锚杆长度确定的理论依据，即地面工程最大张力点在滑动面上，地下工程最大张力点在弹性区与塑性区交界面上，确定了最大张力点就能确定张拉区的锚杆长度，进而确定锚杆或锚索全长。最大张力点是锚杆应力传递的特征点，应力传递规律服从圣维南原理，换言之圣维南原理是锚杆、锚索长度确定的理论依据。

本章提出圣维南原理是确定锚索、锚杆间距的理论依据。首先给出了圣维南原理表述，然后将拉力型锚索归结到布西内斯克问题分析，将压力型锚索归结到开尔文问题分析，得出结论：锚索应力分布服从圣维南原理，圣维南原理是确定锚索间距的理论依据。

应用叠加原理可以方便地处理许多复杂受载的情况，但叠加原理仅适用小变形的条件下：

（1）提出的力系、结构组合法则如下：必要条件是力学行为相一致；充分条件是刚度相匹配，极限变形量相匹配，否则不能直接组合。

（2）设计、施工前应进行动态规划，按照施工力学设计结构参数。

工程设计除依据材料或结构的力学行为外，还必须建立在正确的物理概念基础上，因为物理概念是事物本质（内在规律）的抽象，在某种意义上讲正确的物理概念就是理论导向。

参考文献

孙凯，孙学毅，2021．岩土体锚固与动态施工力学[M]．北京：科学出版社．

孙凯，孙学毅，孙玥，2021．岩土锚固机理与工程实践[M]．北京：化学工业出版社．

吴家龙，2001．弹性力学[M]．北京：高等教育出版社．

徐芝伦，1978．弹性力学[M]．北京：人民教育出版社．

朱维申，何满潮，1995．复杂条件下围岩稳定性与岩体动态施工力学[M]．北京：科学出版社．

第 3 章 压力型锚索受力分析及成果应用

作者在傅作新教授指导下对压力型锚索受力建立了较为完备的微分方程，求解受力端轴向应力及侧向剪应力分布规律。根据受力分布规律研制出压剪筒压力型锚索、扩大头压剪筒压力型锚索。前者用于岩体锚固，后者用于土体锚固。扩大头压剪筒锚索获得授权国家实用新型专利（专利号：ZL.20072014776.X）。

3.1 压力型锚索受力分析

3.1.1 问题描述

无限大体内部一点 O 受集中力 F 的作用，见图 2-3。

无限大体内部一点受集中力 F 作用是一个空间轴对称问题。在不计体力情况下，开尔文得出满足一切边界条件的应力和位移解答。其中在 z 方向（与作用力 F 重合方向）的位移为

$$U_z = A\left[\frac{2(1-2\mu)}{R} + \frac{1}{R} + \frac{z^2}{R^3}\right] \tag{3-1}$$

式中 U_z——z 方向位移；

$R = \sqrt{x^2 + y^2 + z^2}$ ；

$A = \dfrac{(1+\mu)\ F}{8\pi E(1-\mu)}$，其中，$F$ 为集中力，E 为岩土体弹性模量，μ 为岩土体泊松比。

3.1.2 问题的归结与假设

给锚索体（无黏结钢绞线）施加的拉力通过孔底处钢质圆盘转换为压力，按原来大小传递给孔底锚固体。这样就把问题归结为开尔文问题——求解无限大体内部一点受集中力作用。由于钢绞线很长，钢质圆盘很薄，故认为在钢质圆盘处对力的影响很小，可以忽略不计。

上述问题的归结和假设虽然是近似的，但是合理。

3.1.3 问题求解

求解得出的二阶变系数齐次常微分方程解从《常微分方程手册》中查得。

取锚孔轴线与 z 轴重合，这时 $x=y=0$，式（3-1）转换为

$$U_z=\frac{F(1+\mu)}{2\pi Ez} \tag{3-2}$$

式（3-2）表明，锚孔内钢质圆盘受力 F 作用后，锚固体（水泥芯柱）上任一点（O 点除外）相对于作用点 O 产生位移的分布规律。在 F 作用下，岩土体对锚固体表面作用剪应力 τ。岩面相对锚固端的总位移为 $\int_0^\infty \frac{(1+\mu)}{2\pi Ez}\cdot 2\pi r_b\tau(z)\mathrm{d}z$，锚固体总压缩量为 $\int_0^\infty \frac{F-\int_0^z 2\pi r_b\tau(z)\mathrm{d}z}{AE_b}\mathrm{d}z$。

假定锚固体的总压缩量等于岩面相对锚固端的总位移，则下式成立：

$$\int_0^\infty \frac{1}{E_bA}\left[F-2\pi r_b\int_0^z \tau(z)\mathrm{d}z\right]\mathrm{d}z=\int_0^\infty \frac{1+\mu}{2\pi Ez}\cdot 2\pi r_b\tau(z)\mathrm{d}z \tag{3-3}$$

式中 r_b——锚固体（水泥芯柱）半径；

E——岩土体弹性模量；

μ——岩土体泊松比；

A——锚杆体（水泥芯柱）截面积；

E_b——锚固体弹性模量。

将式（3-3）两边分别对 z 求三次导数，并进行简化得到如下形式的二阶变系数齐次常微分方程：

$$\tau''+az\tau'+2a\tau=0 \tag{3-4}$$

式中　$a=\dfrac{\pi E}{(1+\mu)E_b A}$。

式（3-4）通过变换，当 $z\to\infty$ 时，$\tau=0$，$\int_0^\infty 2\pi r_b\tau(z)\cdot \mathrm{d}z=F$，最后得到锚固体侧面（孔壁）剪应力分布如下：

$$\tau=\frac{FE}{(1+\mu)r_b^{\,3}E_b}z\mathrm{e}^{-\frac{1}{2}Kz^2} \tag{3-5}$$

式中　$K=\dfrac{1}{2(1+\mu)r_b^2}\left(\dfrac{E}{E_b}\right)$。

对式（3-5）进行积分，得锚固体（水泥芯柱）的轴力分布如下：

$$N=F\mathrm{e}^{-\frac{1}{2}Kz^2} \tag{3-6}$$

对式（3-6）进行微分，令 $\mathrm{d}\tau/\mathrm{d}z=0$，解得

$$R=\sqrt{\frac{1}{K}} \tag{3-7}$$

式（3-7）为极值位置，将式（3-7）代入式（3-5）得

$$\tau_{\max}=\frac{F}{2\pi r_b}\sqrt{\frac{K}{\mathrm{e}}} \tag{3-8}$$

式（3-8）为剪应力峰值（最大剪应力）表达式。

由式（3-8）可以看出，最大剪应力与预应力 F 成正比，与锚固体半径 r_b 成反比，与 E/E_b 成正比。

3.1.4 结果分析

1. 剪应力分布与岩土体介质弹性模量关系

给定 $E_{岩体}=6\times10^4$MPa，$E_{土体}=10$MPa，$\mu_{岩体}=0.25$，$\mu_{土体}=0.4$。在其他条件相同条件下，由式（3-8）得

$$\frac{\tau_{岩体max}}{\tau_{土体max}}=82$$

上述结果表明岩体中孔壁剪应力峰值比土体中孔壁剪应力峰值大得多。

2. 剪应力分布与锚固体弹性模量关系

给定水泥芯柱弹性模量 $E_{水泥}=2.8\times10^4$MPa，把孔底 1m 长一段水泥芯柱换成厚壁无缝钢管，管内充满水泥组成钢管水泥组合体。组合体的弹性模量 $E_{组合体}=2\times10^5$MPa。在其他条件相同的情况下，由式（3-8）得

$$\frac{\tau_{水泥max}}{\tau_{组合体max}}=2.7$$

上述结果表明，采用钢管水泥组合体替换水泥芯柱可使孔壁剪应力峰值降低到原来的 1/2.7，从而起到局部分散剪应力的效果。

3.2 压剪筒压力型锚索

在分析压力型锚索内锚端应力分布规律的基础上，本章提出压剪筒压力型锚索。它的结构是在压力型锚索内锚端承压板后面安装一段厚壁无缝钢管，称为压剪筒。

这种结构的锚索称为压剪筒压力型锚索。分析得出压剪筒压力型锚

索的优越性有以下两点：

（1）压剪筒压力型锚索孔底一段锚固体由水泥与厚壁无缝钢管组成。这种复合体与水泥芯柱相比，抗压强度可提高 5～7 倍。

（2）锚固体的弹性模量越大，剪应力峰值 $\tau_{\max}$ 越小。这说明提高锚固体的 E_b 值可改善剪应力 τ 的分布规律，使剪应力峰值得到分散，这种分散属物理型分散。

压力型锚索、压剪筒压力型锚索剪应力 τ 沿 z 向分布示意图如图 3-1 所示。

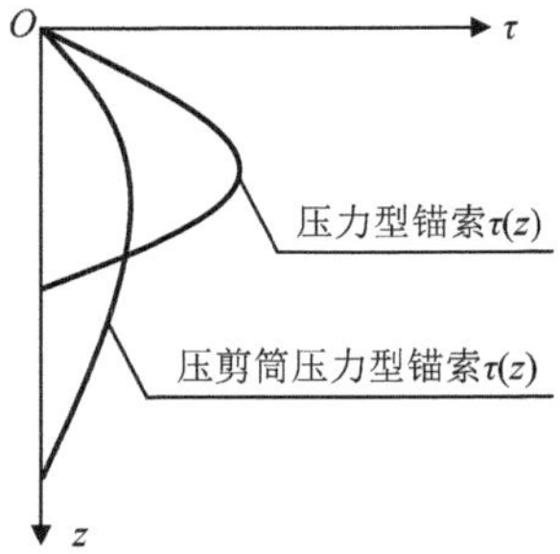

图 3-1　压力型锚索、压剪筒压力型锚索剪应力 τ 沿 z 向分布示意图

3.3　扩大头压剪筒压力型锚索

3.3.1　问题提出

分析式（3-8）可知，$\tau_{\max}$ 与锚固体半径 r_b 成反比，也就是说锚孔孔底一段直径扩大（扩大头），可使剪应力峰值 $\tau_{\max}$ 降低。在此基础上作者研发了扩大头压剪筒压力型锚索。

扩大头压剪筒压力型锚索可大幅提高锚索锚固力，提高锚固体强度，改善剪应力分布，降低剪应力峰值 $\tau_{\max}$。

3.3.2 讨论

从前文的理论分析可知，将锚孔底部一段孔径扩大能有效改善孔底处锚索的剪应力、轴向应力分布状态，使应力集中程度大幅降低。此时需要进一步研究这种锚索的破坏模式、极限拉力、极限压缩量等问题。

3.3.3 破坏模式

岩体强度高，岩体中扩大头压剪筒压力型锚索孔底的孔壁不易发生剪切破坏。

土体强度低，孔底扩孔形成扩大头就要考虑破坏模式问题。

作者提出扩大头破坏时沿着扩大头直径周边发生剪切破坏。其破坏模式如图 3-2 所示。

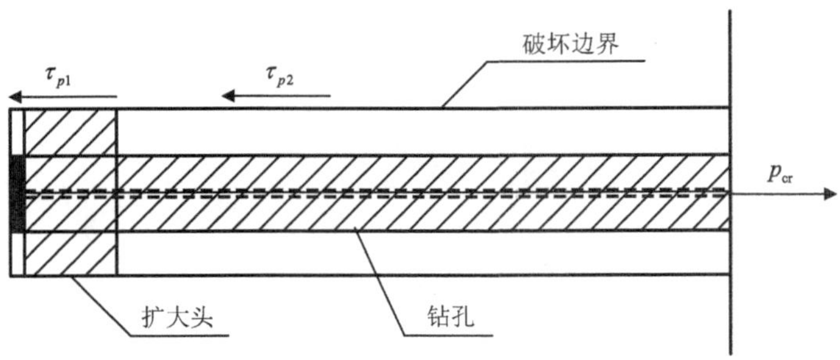

图 3-2 扩大头压力型锚索破坏模式

3.3.4 极限拉拔力确定

在极限状态下，τ_{p1}、τ_{p2} 均匀分布，当不考虑锚墩反力作用时，临界拉拔力 p_{cr} 由下式确定：

$$p_{\mathrm{cr}}=\pi D(L_1\tau_{p1}+L_2\tau_{p2}) \tag{3-9}$$

式中　p_{cr}——临界拉拔力；

D——扩大头直径；

L_1——扩大头长度；

L_2——钻孔长度；

τ_{p1}——扩大头侧壁与孔壁间极限黏结力；

τ_{p2}——土体抗剪强度。

式（3-9）称为强度条件。由于 $L_1 \ll L_2$，略去 L_1 的作用，式（3-9）简化为

$$p_{\mathrm{cr}}=\pi D L_2 \tau_{p2} \tag{3-10}$$

3.3.5　允许拉拔力确定

允许拉拔力表示如下：

$$p_{\mathrm{m}}=\frac{p_{\mathrm{cr}}}{k} \tag{3-11}$$

式中　p_{m}——允许拉拔力；

k——安全系数，工程中一般取 1.2。

3.3.6　极限状态压缩量确定

由式（3-10）得极限状态压缩量为

$$\Delta L_p=\frac{p_{\mathrm{cr}}\cdot L_2}{2E_2 A} \tag{3-12}$$

式中　ΔL_p——极限压缩量；

E_2——土体与水泥芯柱组合弹性模量；

A——扩大头截面积，$A=\dfrac{\pi D^2}{4}$。

式（3-12）称为刚度条件。

3.3.7　允许压缩量确定

允许压缩量$\Delta L_{允}$按下式确定：

$$\Delta L_{允}=\frac{\Delta L_p}{k} \tag{3-13}$$

工程中压缩量小于$\Delta L_{允}$说明锚索是安全的，反之锚索不符合设计要求。

3.3.8　设计步骤

（1）根据设计要求，利用已知条件，求允许拉拔（预应）力$p_{\mathrm{m}}=\frac{p_{\mathrm{cr}}}{k}$。

（2）根据p_{cr}及已知条件求允许压缩量$\Delta L_{\mathrm{m}}=\frac{\Delta L_p}{k}$。

如果根据张拉千斤顶活塞伸长量确定允许压缩量，则千斤顶活塞伸长量应减去张拉时钢绞线的伸长量。

本章小结

本章首先将压力型锚索受力问题归结到无限大体内部受集中力作用，用开尔文问题求解锚索内锚端的受力分布规律。虽然归结和假设是近似的，但是建立的微分方程完备、合理；所得结果说明轴向力传递服从圣维南原理，侧壁剪应力峰值与锚孔直径成反比。

根据上述内锚端的应力分布规律，孙玥、孙凯研发出压剪筒压力型锚索和扩大头压剪筒压力型锚索。压剪筒压力型锚索使受力段锚固体抗压强度提高 5 倍以上，使剪应力峰值降低 2/3。这就是说压剪筒压力型锚索可替代 3 个内锚头的压力分散型锚索。压剪筒压力型锚索安装方便、可靠、造价低。

压剪筒压力型锚索用于岩体锚固，扩大头压剪筒压力型锚索用于土体锚固，这两种锚索深受工程界好评，并得到广泛应用。

由于锚索的受力端在土体深部，土体发生在 45° 剪应力面上的剪切破坏模式已不适用。作者给出了与实际相符的破坏模式。在此基础上给出极限拉拔力、允许拉拔力、极限压缩量、允许压缩量等的确定方法，可供设计时参考。

参 考 文 献

孙凯，孙学毅，2021．岩土体锚固与动态施工力学[M]．北京：科学出版社．

孙凯，孙学毅，孙玥，2021．岩土锚固机理与工程实践[M]．北京：化学工业出版社．

孙凯，孙玥，2006．拉力型、压力型预应力锚索受力分析及工程应用[C]//第九届全国岩石力学与工程学术大会论文集．北京：科学出版社：165-173．

孙凯，孙玥，2018．压剪筒压力型预应力锚索是最适合的锚索[C]//岩土锚固技术的新发展与工程应用．北京：人民交通出版社：129-134．

孙学毅，刘璇，刘成洲，等，2004．压力型预应力锚索受力分析[J]．预应力技术（2）：3-6．

第 4 章
锚索、锚杆地下工程应用

4.1 新奥法基本思想

新奥法（new Austrian tunnelling method，NATM）的基本思想是隧道开挖后及时地向围岩表面喷一层混凝土，必要时再向围岩内安装一些锚杆，从而部分地阻止围岩向隧道内变形，以达到支护的目的。这种施工方法起源于奥地利，因此称为新奥法。

新奥法这种“既让围岩变形又限制围岩变形”的思想，符合自然哲理，充分利用了围岩的自承作用，使得围岩在与喷锚支护共同变形的过程中取得自身的稳定，从而减少传递到支护上的压力。由此认识到支护与围岩相互作用，支护承受变形压力。

新奥法着眼于对隧道围岩力学形态演变过程的控制，最大限度地发挥围岩的自承能力。当隧道围岩处于弹塑性状态时，可将支护反力 p_i 表示为壁面位移 ΔR 的函数，即

$$p_i = f\left(\Delta R\right) \tag{4-1}$$

处于弹塑性状态的围岩，隧道开挖后在洞周形成一个塑性松动区，塑性松动区内一部分围岩应力降低，另一部分围岩应力增高。随着塑性松动圈的扩展，洞壁向洞内的位移也不断增大。当位移过大，围岩因松动而失去自承能力时，将产生松（离）散压力。

4.2 新奥法支护思路

新奥法支护思路有以下两种：

（1）采用锚索或锚杆将壁面位移控制在允许范围内。这种思路的理论基础是芬纳（Fenner）公式。

（2）加固部分塑性松动区，使其形成一个承载结构，承受承载围岩以外的围岩压力。

4.2.1 锚索、喷锚支护控制围岩位移

控制围岩位移支护设计首先要求出围岩与支护相互作用时位移与支护反力的关系，这方面的工作首先由芬纳得出研究结果。

1. 芬纳公式

芬纳首先求得单一圆形隧道处于静水压力状态下塑性应力平衡公式。求解时，平衡方程为

$$\left(\sigma_\theta-\sigma_\mathrm{r}\right)\mathrm{d}r=r\mathrm{d}\sigma_\mathrm{r} \tag{4-2}$$

塑性平衡条件为

$$\frac{\sigma_\mathrm{r}+C\cot\phi}{\sigma_\theta+C\cot\phi}=\frac{1-\sin\phi}{1+\sin\phi} \tag{4-3}$$

式中 σ_r——径向应力；

σ_θ——环向应力；

C——围岩黏结力；

ϕ——围岩内摩擦角；

r——隧道内任一点的半径。

最后得出

$$p_i=-C\cot\phi+\left[C\cot\phi+p_0\left(1-\sin\phi\right)\right]\left(\frac{r_0}{R}\right)^{\frac{2\sin\phi}{1-\sin\phi}} \quad (4\text{-}4)$$

式中　p_i——壁面支护反力；

r_0——隧道开挖半径；

R——塑性圈半径；

p_0——初始应力，$p_0=\gamma H$，γ 为岩石容重，H 为隧道所处深度。

2. 引用芬纳公式分析喷锚支护原理

现用芬纳公式求得的 p_i - ΔR 曲线来说明喷锚支护原理，ΔR 为径向位移。如图 4-1 所示。

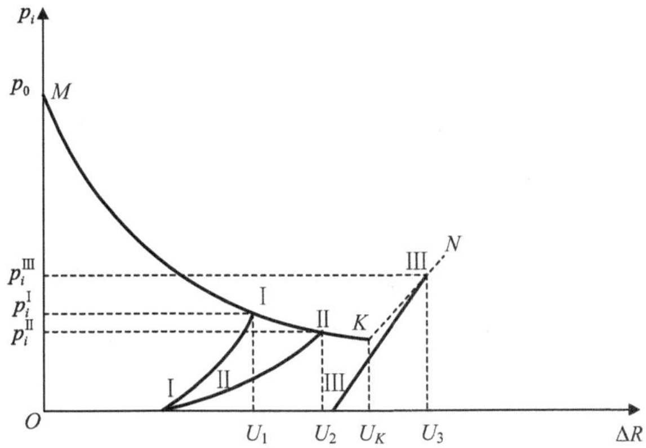

图 4-1　喷锚支护原理图之一

图 4-1 中，*MKN* 为围岩变形曲线，*MK* 段为未破坏前变形阶段，*KN* 段为破坏后阶段，*K* 为破坏点。Ⅰ—Ⅰ为刚度较大支护结构变形曲线；Ⅱ—Ⅱ为刚度较小支护结构变形曲线；Ⅲ—Ⅲ为支护过晚（迟）且支护反力不足的支护结构变形曲线。由图可以看出：未开挖时围岩应力

$p_i = p_0$，开挖后采用两种不同刚度支护结构进行支护时，支护变形曲线与围岩变形曲线分别相交于Ⅰ和Ⅱ两点，劈面位移分别为 U_1 和 U_2。可以看出，刚度大的支护结构位移小于刚度小的支护结构位移，即 $U_1 < U_2$，但支护反力相反，即 $p_i^{\mathrm{I}} > p_i^{\mathrm{II}}$。

由于支护Ⅲ过晚，即未能阻止围岩破坏时最大的松散压力 p_i^{III}，即 $p_i^{\mathrm{III}} > p_i^{\mathrm{I}} > p_i^{\mathrm{II}}$。

由上述分析得到以下两点认识：

（1）支护要及时、紧贴围岩，支护结构应具有一定的柔度，以保证足够的 ΔR 和足够大的塑性圈。这样 p_i 可大幅减小，需要的支护代价小得多。

（2）必须清楚 p_i 随位移 ΔR 增大而减小是有限度的。当 ΔR 过大时塑性圈内岩体会产生松动，松动圈内岩石的 E、C、ϕ 值会大幅降低，以致发生破坏。围岩破坏时作用在支护结构上的是松散压力，远大于变形压力。

下面对图 4-1 进行补充，在图 4-1 的下部增加时间坐标，得图 4-2。

图 4-2 中下半部表示壁面位移 ΔR 与时间的关系。图上分 3 个阶段：阶段Ⅰ表示喷锚支护尚未施工，岩石不受约束，自由地向洞室空间变形。阶段Ⅱ表示开始进行喷锚支护，由于支护反力的作用，变形增长的速率趋于减小，随着洞室全断面喷锚支护的逐渐形成，变形的速率越来越小。阶段Ⅲ，喷锚完成后，当支护反力 p_i 与洞壁应力 p' 产生平衡，变形就停止。由以上分析可以看出，新奥法是一种将设计、施工、监测、分析、判断融合为一体的方法，强调“天地人”的高度统一，即综合考虑施工时机（天）、地质条件（地）和人员操作（人）因素，以实现工程的安全、高效和经济。岩土工程中的问题大多具有非线性特征，目前解决这类问题的主要方法是通过工艺改进和优化。

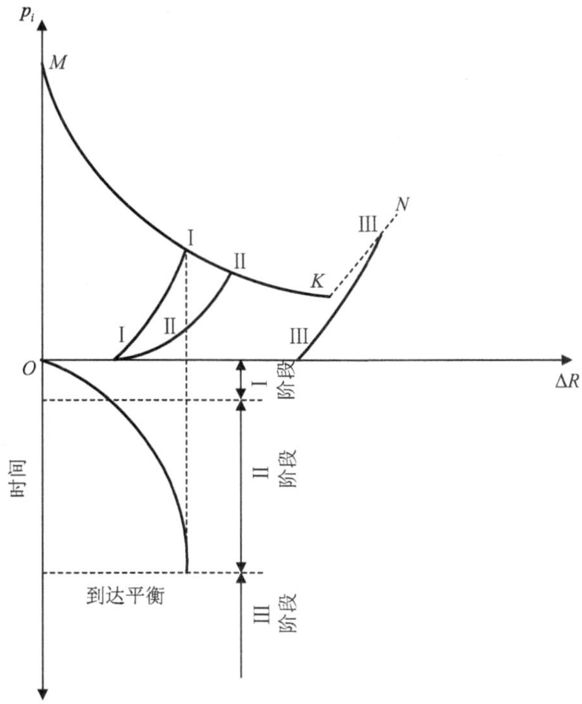

图 4-2　喷锚支护原理图之二

4.2.2　喷锚支护设计

1. 设计构思

（1）支护的对象是深埋岩石的单一圆形隧道，围岩处于静水压力状态。由于应力水平较高，这类隧道围岩一般无法完全依靠自身承载。采用喷锚进行支护，能够及时、紧贴、封闭围岩，起到部分调整围岩应力重分布的作用，从而阻止围岩的初始变形。

围岩变形的控制主要依靠锚杆，因此分析锚杆在与围岩共同变形中提供的支护反力是主要的研究内容。喷锚支护设计除了研究锚杆提供的支护反力外，还必须要考虑锚杆的变形能力（伸长量）满足围岩径向位移的要求。

（2）根据新奥法原理，隧道围岩达到塑性平衡时隧道壁面位移ΔR自然停止，因此要求支护的锚杆或锚索应该是增阻支护。也就是说锚杆支护特性曲线与围岩的变形特性曲线相交之前支护反力一直在增大。图 4-1 中的Ⅰ—Ⅰ、Ⅱ—Ⅱ为支护特性曲线，MKN为围岩变形特性曲线。当两种曲线相交时，支护反力p_i与洞壁应力p'相等，产生平衡，隧道壁面变形就停止了。

（3）上述分析只考虑了隧道围岩的弹塑性变形，工程实践中围岩存在流变变形。这里要指出的是流变变形也有一个允许变形量，超过此变形量，围岩就会发生破坏。当考虑流变变形时，建议选择伯格斯（Burgers）模型。选择圣维南（完全塑性）模型值得商榷，因为圣维南模型是用弹簧和滑片串联构成的力学模型，屈服后应变将不停地增加。生活中常用的牙膏、脂膏等大致可看作圣维南体，而岩体的力学行为与此相差甚远。

2. 锚杆支护参数设计

锚杆支护参数包括排间距、长度和截面尺寸。工程中锚杆间距一般由经验确定，间距确定后，截面尺寸随之也确定了。因此主要的问题是确定锚杆长度。

根据新奥法原理，支护的目的主要是控制塑性松动圈半径。允许塑性松动圈发展，又要控制其发展，因为产生过大的松动圈半径会导致围岩发生破坏，过小的松动圈半径需要强大的支护反力，支护代价太大。基于此，建立如下设计塑性松动圈半径$R_{设}$的概念：

$$R_{设}=\frac{R_0}{k} \tag{4-5}$$

式中 $R_{设}$——设计中取用的塑性松动圈半径；

k——安全系数，一般取k=1.2；

R_0——支护反力为 0 时的塑性松动圈半径。

根据上述控制塑性松动圈的要求，锚杆长度应分为两部分：一部分在弹性区内，称为$L_{弹}$；另一部分在塑性圈内，称为$L_{塑}$，$L=L_{弹}+L_{塑}$。锚杆支护原理是利用弹性区内锚杆的锚固力，通过塑性松动圈内的锚杆约束（控制）塑性松动圈内围岩的变形。

工程实践表明，隧道围岩在高应力作用下产生的应力集中会使围岩发生破坏。这种破坏是渐近的，在围岩未达到平衡之前会发生多次。在支护反力的作用下，围岩达到塑性平衡状态时这种过程停止，此时围岩塑性松动圈接近设计值。

在隧道围岩中的全长锚固锚杆塑性松动圈内，部分侧壁已经发生剪切破坏。由于锚杆挡板的作用，锚杆轴向力还存在。通过挡板限制围岩变形，将塑性松动区内锚杆轴向力传递给弹性区内的锚杆体，依靠弹性区锚杆侧壁剪应力拉住塑性松动圈的围岩，维持稳定。

由上述分析可知，$L_{塑}$等于塑性松动圈的厚度，锚杆在弹性区内的长度$L_{塑}$根据要求的支护反力计算确定。此处还需要考虑一个安全系数。

基于上述分析，确定锚杆长度的步骤如下：

（1）确定$p_i=0$时的塑性松动圈半径为

$$R_0=r_0\left[1+\frac{p_0}{C}(1-\sin\phi)\tan\phi\right]^{\frac{1-\sin\phi}{2\sin\phi}} \tag{4-6}$$

（2）确定设计的塑性松动圈半径为

$$R_{设}=\frac{R_0}{k}$$

（3）确定达到塑性平衡时隧道壁面上所需要的设计支护反力为

$$p_{设}=-C\cot\phi+\left[C\cot\phi+p_0(1-\sin\phi)\right]\left(\frac{r_0}{R_{设}}\right)^{\frac{2\sin\phi}{1-\sin\phi}} \tag{4-7}$$

（4）确定锚杆的排间距。工程经验表明，锚杆排间距支护面积一般取 1.0m×1.0m、1.5m×1.5m、2.0m×2.0m。

（5）计算单根锚杆的支护反力公式为

$$p_{杆}=p_{设}\times S_{杆} \tag{4-8}$$

式中　$p_{杆}$——单根锚杆支护反力；

$S_{杆}$——单根锚杆承担的支护面积。

（6）确定弹塑性区交界面处的位移为

$$U_{\mathrm{B}}=\frac{1+\mu}{E_{岩}}R_{设}\sin\phi\left(p_0+C\cot\phi\right) \tag{4-9}$$

式中　$R_{设}$——设计取用的塑性松动圈半径；

$E_{岩}$——岩石弹性模量；

μ——岩石泊松系数。

（7）确定隧道壁面的位移为

$$\Delta R=r_0\left(1-\sqrt{1-B}\right) \tag{4-10}$$

式中　ΔR——隧道壁面位移；

r_0——隧道开挖半径；

$$B=\left[2-\frac{1+\mu}{E_{岩}}\sin\phi\left(p_0+C\cot\phi\right)\right]\frac{1+\mu}{E_{岩}}\sin\phi\left(p_0+C\cot\phi\right)$$

$$\times\left[\frac{p_0\left(1-\sin\phi\right)+C\cot\phi}{p_{设}+C\cot\phi}\right]^{\frac{1-\sin\phi}{\sin\phi}}。$$

（8）塑性松动圈内 E、C、ϕ 取值。工程实践表明，塑性松动圈内岩石的弹性模量 E、黏结力 C、内摩擦角 ϕ 都有明显减小。因此塑性松动圈内岩石的 E、C、ϕ 取值都应折减。考虑流变的结果，经验取值 $E_{塑}=0.2E$，当认为 ϕ 不变时 $C_{塑}=0.2C$，在有水条件下 $C_{塑}=0.1C$。

（9）确定塑性松动圈内锚杆长度为

$$L_{塑}=R_{设}-r_0 \tag{4-11}$$

（10）确定弹性区内锚杆长度为

$$L_{弹}=k\frac{p_{杆}}{\tau_0} \tag{4-12}$$

式中　k——安全系数，一般取 1.5；

$p_{杆}$——单根锚杆支护反力；

τ_0——每米长锚杆的抗剪力：

$$\tau_0=3.14C_{锚}\Phi_{孔} \tag{4-13}$$

式中　$C_{锚}$——锚固体与孔壁黏结力设计值；

$\Phi_{孔}$——钻孔直径。

（11）确定锚杆长度为

$$L=L_{塑}+L_{弹} \tag{4-14}$$

4.2.3　锚杆、锚索支护设计举例

现有一条中等硬度石灰岩圆形水平隧道，已知 r_0=3m，岩石容重 γ=28kN/m^3，隧道埋藏深度为 1000m，岩石的 C=300kN/m^2、ϕ=30°、μ=0.3、E=5×10^4 MPa 。

（1）计算设计的塑性松动圈半径 $R_{设}$

$$R_0=r_0\left[1+\frac{p_0}{C}(1-\sin\phi)\tan\phi\right]^{\frac{1-\sin\phi}{2\sin\phi}}$$

$$=3\times\left[1+\frac{28\times1000}{300}\times0.29\right]^{0.5}$$

$$=16(\mathrm{m})$$

$$R_{设}=\frac{R_0}{k}=\frac{16}{1.2}=13.3(\mathrm{m})$$

取 $R_{设}$ =13m。

（2）计算设计的支护反力 $p_{设}$：

$$p_{设}=-C\cot\phi+\left[C\cot\phi+p_0\left(1-\sin\phi\right)\right]\left(\frac{r_0}{R_{设}}\right)^{\frac{2\sin\phi}{1-\sin\phi}}$$

$$=-520+[520+28000\times0.5]\times\left(\frac{3}{13}\right)^2$$

$$=250(\text{kN/m}^2)$$

（3）确定锚杆排间距。根据工程经验，取锚杆排间距支护面积为1.5m×1.5m，则 $S_{杆}$=2.25m²。

（4）计算单根锚杆支护反力 $p_{杆}$：

$$p_{杆}=p_{设}\times S_{杆}$$

$$=250\times2.25$$

$$=563(\text{kN})$$

（5）计算弹塑性区界面处的位移 U_B：

$$U_B=\frac{1+\mu}{E}R_{设}\sin\phi\left(p_0+C\tan\phi\right)$$

$$=\frac{1+0.3}{5\times10^7}\times13\times0.5\times\left(28000+520\right)$$

$$=\frac{1.3}{5\times10^7}\times185380$$

$$=5(\text{mm})$$

（6）计算隧道壁面的位移 ΔR 。由于隧道壁面位移主要是塑性圈松动产生的位移，此时塑性松动圈内岩石的 E、C、ϕ 都大幅减小，按前述经验取值为

$$E_{塑}=0.2E=0.2\times5\times10^4=10^4(\text{MPa})$$

$$C_{塑}=0.2C=0.2\times300=60(\text{kN/m}^2)$$

$$\phi_{塑}=\phi=30^\circ$$

将上述数据代入式（4-10），得

$$B=\left[2-\frac{1+\mu}{E_{塑}}\sin\phi\left(p_0+C_{塑}\cot\phi\right)\right]\frac{1+\mu}{E_{塑}}\sin\phi\left(p_0+C_{塑}\cot\phi\right)$$

$$\times\left[\frac{p_0\left(1-\sin\phi\right)+C_{塑}\cot\phi}{p_{设}+C_{塑}\cot\phi}\right]^{\frac{1-\sin\phi}{\sin\phi}}$$

$$=\left[2-\frac{1.3}{10^4}\times0.5\times28104\right]\times\frac{1.3}{10^4}\times0.5\times28104\times\left[\frac{28000\times0.5+104}{250+104}\right]$$

$$=0.145$$

$$\Delta R=r_0\left(1-\sqrt{1-B}\right)$$

$$=3000\times\left(1-\sqrt{1-0.145}\right)$$

$$=226(\mathrm{mm})$$

（7）计算锚杆长度为

$$L=L_{塑}+L_{弹}$$

$$L_{塑}=R_{设}-r_0=13-3=10(\mathrm{m})$$

取 $\varPhi_{孔}=0.2\mathrm{m}$、$C_{锚}=350\mathrm{kN/m^2}$、$p_{杆}=563\mathrm{kN}$，求得

$$\tau_0=350\times0.2\times3.14=220(\mathrm{kN/m})$$

$$L_{弹}=1.5\times\frac{563}{220}=3.8(\mathrm{m})$$

取 $L_{弹}=4\mathrm{m}$，得

$$L=10+4=14(\mathrm{m})$$

（8）选择锚杆结构。锚杆提供支护反力的能力应大于设计值，锚杆的变形量应大于围岩变形的要求，否则应选择组合锚杆。组合锚杆也要求为增阻锚杆，能实现两者的支护反力叠加，伸长量叠加，叠加值满足设计要求。

（9）选用钢管锚杆。若选用钢管锚杆则由于支护反力只有 260kN，小于 563kN，反力不够。应选择组合锚杆，使反力大于 563kN。

（10）组合锚杆。仍然采用上例条件：每根锚杆支护反力为 563kN，围岩壁面位移为 226mm。选择非预应力锚索与钢管锚杆组合。3 根钢绞线的许用拉力为 240kN/根×3 根=720kN>563kN，满足拉力要求。钢绞线的有效长度是 14−1=13m，其中 1m 为孔底锚固段。钢绞线伸长率为 3%，钢绞线的伸长量为 13000mm×0.03=390mm>226mm，满足设计要求。

（11）安装工艺。

① 隧道开挖完成后及时喷射一层混凝土（厚 5～15cm），钻孔、安装钢管锚杆端锚。端锚达到设计强度之后安装垫板，通过钢管孔口处的螺纹安装螺母，用扭力扳手施加预应力，其值为锚杆设计支护反力的 40%左右。目的是及时向围岩提供预应力，另一个目的是使钢管的伸长量部分均匀分配给杆体全长。

② 锚杆注浆。通过钢管底端的侧孔实现钢管内外注满水泥浆。之后向钢管内插入 3 根无黏结钢绞线，钢绞线底端 1m 长一段除去外皮，以便实现端锚。当注浆体达到设计强度时，在钢绞线外露端安装锚具。此时钢管锚杆转变为全长锚固锚杆，钢绞线转变为压力型非预应力锚索。

③ 工作原理。从安装工艺可以看出，钢管锚杆及时向围岩提供预应力，此时它的伸长量分布在杆体的全长，避免了注浆后锚杆伸长量过分集中在某一个部位。钢管锚杆服务后期侧壁发生剪切破坏，此时通过锚板将锚杆的轴向力向弹性区转移。钢管锚杆在弹塑性变形阶段仍起支护作用。

组合的非预应力压力型锚索从孔口安装锚具时起便开始服务。在服务过程中支护反力随着围岩径向位移增加而增大。在围岩发生径向位移的过程中，钢管锚杆与非预应力压力型锚索的支护反力、伸长量可实现叠加，并能满足隧道围岩达到塑性平衡时的要求。

④ 评述。钢管锚杆与非预应力压力型锚索组合是一种增阻支护结

构。支护反力和变形量满足围岩变形达到塑性平衡时的要求。这种组合支护结构安装方便，在支护过程中，支护结构与围岩相互作用，最终围岩达到塑性平衡，隧道壁面位移停止。

（12）张拉部分预应力锚索支护。从支护结构得到启发，可以采用张拉部分预应力锚索支护结构取代钢管端锚预应力锚杆与非预应力锚杆组合支护结构。这种张拉部分预应力锚索支护结构能及时向围岩提供支护反力，起端锚预应力锚杆作用。随着围岩变形的增加，锚索的应力也增大，进一步向围岩提供支护反力。这种相互作用直到围岩达到塑性平衡为止。这种张拉部分预应力锚索设计要求有两点：其一，提供的支护反力远大于围岩达到塑性平衡时需要的反力；其二，张拉后的允许变形量满足围岩达到塑性平衡时的要求。

① 仍然采用前例的条件：$p_{锚}=563\text{kN}$，$\Delta R=226\text{mm}$。

② 锚索采用 4 根钢绞线：每根钢绞线允许拉力 240kN，锚索总拉力为 240kN×4=960kN>563kN。

③ 安装时满足预应力为允许值的 40%，即 960kN×0.4=384kN。

④ 钢绞线允许伸长率 3%，钢绞线长 13000mm，允许伸长量为 13000mm×0.03=390mm，张拉后允许伸长量为 390−390×0.4=234mm。234mm>226mm，满足要求。

⑤ 这种张拉部分预应力锚索由于支护反力远大于设计值，会使围岩提前达到塑性平衡状态，有利于围岩稳定。

⑥ 这种结构便于施工，性能可靠，充分发挥了锚索结构的力学特征。

4.2.4　加固部分塑性松动区作为承载结构

在采用喷锚支护围岩的同时，发展成一种加固部分塑性区作为承载结构的支护方法：在隧道部分塑性区内系统安装锚杆约束围岩径向位移，或系统安装锚索施加预应力，给围岩一个径向反力，由加固圈承担圈外围岩的变形压力。围岩与锚杆、锚索组合，在隧道周围形成一个钢筋、岩石复合材料的“承载结构”。

1. 问题的提出

理论分析表明，随着塑性区的发展和扩大，塑性区内围岩的 E、C、ϕ 都会降低。目前工程中得到的经验表明，在 ϕ 不变的条件下，E、C 值降低到 0.2 时，隧道表面位移作为极限塑性平衡时的位移，超过此位移，隧道即发生破坏。因此加固部分塑性区，使其成为承载结构是新奥法支护的另一途径。圆形隧道被加固的塑性区形成一个“承载环”，用承载环承载环外围岩的变形压力。

2. 力学模型

做如下假设：

（1）隧道为圆形，在自重应力场内，侧压系数 $K_0=1$。

（2）假定隧道开挖后承载环即存在，由承载环承担环外围岩压力。

（3）假定隧道很长、形状均匀，将问题归结到厚壁圆筒受均布外压作用的拉梅问题，表示如下：

$$\begin{cases}\sigma_{\mathrm{r}}=\dfrac{p_{均}r_{外}^{2}}{r^{2}-r_{内}^{2}}\left(1-\dfrac{r_{内}^{2}}{r^{2}}\right)\\[2ex]\sigma_{\theta}=\dfrac{p_{均}r_{外}^{2}}{r^{2}-r_{内}^{2}}\left(1+\dfrac{r_{内}^{2}}{r^{2}}\right)\end{cases}\tag{4-15}$$

式中 $r_{内}$——厚壁筒内半径；

$r_{外}$——厚壁筒外半径；

r——筒内任一点半径；

$p_{均}$——作用在厚壁筒外壁的均布压力；

σ_{r}——径向应力；

σ_θ——环向应力。

现以 σ_θ 的最大绝对值不超过允许压应力 σ_e 来确定承载环的厚度。

$$\left|\sigma_\theta\right|_{\max}=\frac{2pr_1^2}{r_1^2-r_0^2}\leqslant\sigma_e$$

由此得

$$r_1=r_0\sqrt{\frac{\sigma_e}{2p-\sigma_e}} \tag{4-16}$$

式中　r_0——隧道开挖半径；

r_1——承载环外半径；

p——初始应力，$p=\gamma H$，γ 为岩石容重，H 为隧道埋深；

σ_e——承载环允许压应力，一般取 $\sigma_e=R_c$，R_c 为围岩单轴抗压强度。

取安全系数 $k=2$，则承载环厚度 D 为

$$D=2r_0\left(\frac{\sigma_e}{2p-\sigma_e}-1\right)\Big/2 \tag{4-17}$$

或

$$D=2r_0\left(\frac{R_c}{2p-R_c}-1\right)\Big/2 \tag{4-18}$$

锚索或锚杆长度为

$$L=D+L_0 \tag{4-19}$$

式中　L_0——锚杆或锚索锚固段长度。

3. 加固原理

根据上述力学模型，可以近似地认为承载环外半径处 $\sigma_r=0$，$\sigma_\theta=2p$，当环向应力 $\sigma_\theta=R_c$ 时，承载环外壁即达到极限塑性平衡状态。此时如果用锚索或锚杆给承载环施加一个预应力，则承载环内岩石产生一个径向应力：

$$\sigma_{re}=\frac{T}{ab} \tag{4-20}$$

式中　T——锚索或锚杆预应力；

ab——锚索或锚杆排间距支护面积。

由于径向应力增加了σ_{re}，因此承载环外壁达到塑性平衡所需的环向应力也相应增大，这样就提高了围岩的稳定性。下面用莫尔图来说明加固原理，如图 4-3 所示。

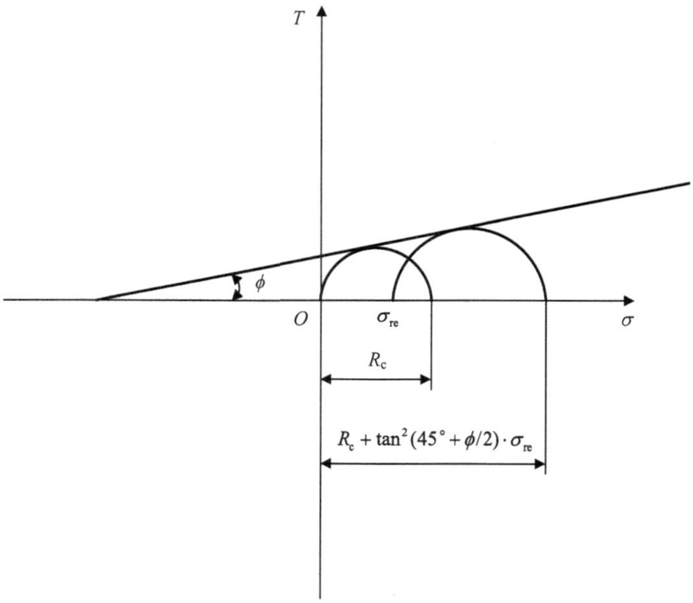

图 4-3　用莫尔图说明加固原理

从图 4-3 可以看出，此时达到塑性平衡状态所需的环向应力（此时$\sigma_{\theta}=R_c$）由R_c增加到

$$\sigma_{\theta}=R_c+\tan^2\left(45°+\frac{\phi}{2}\right)\frac{T}{ab} \tag{4-21}$$

式（4-21）表明对承载环施加预应力T或增加锚杆、锚索的密度（减

小 ab 值）都会明显收到对承载环的加固效果。

4. 工程举例

某隧道埋深 H=1000m，开挖半径 $r_0=6\text{m}$，岩石容重 $\gamma=25\text{kN/m}^3$，单轴抗压强度 $R_c=30000\text{kN/m}^2$，内摩擦角 ϕ=30°。

将上述数据代入式(4-17)，求得承载环最小厚度 D=2.7m，取 D=3m。

令锚固段长度 $L_0=1.5\text{m}$，则锚索或锚杆长度 L=3+1.5=4.5(m)。

下面分析加固效果。加固效果可以从承载环外表面环向应力和承载环抗压强度的提高来体现。

（1）改善承载环外表面环向应力。设锚索排间距支护面积 ab=1.0m×1.0m，预应力 T=200kN，则

$$\sigma_{re}=\frac{T}{ab}=\frac{200}{1.0\times1.0}=200(\text{kN/m}^2)$$

代入式（4-21）得

$$\sigma_\theta=30000+\tan^2\left(45°+\frac{30°}{2}\right)\times200$$
$$=30600(\text{kN/m}^2)$$

上述结果说明采用锚索加固后，围岩达到塑性平衡时环向应力由 30000kN/m^2 提高到 30600kN/m^2。

若将锚索加密，排间距支护面积为 0.6m×0.6m，预应力提高到 300kN，则有

$$\frac{T}{ab}=\frac{300}{0.36}=833(\text{kN/m}^2)$$
$$\sigma_\theta=30000+\tan^2 60°\times833$$
$$=32500(\text{kN/m}^2)$$

即环向应力由 30000kN/m^2 提高到 32500kN/m^2。

允许环向应力的提高，实际上是提高了承载环的承载力。

（2）提高承载环抗压强度。上例中锚索排间距支护面积为 0.6m×0.6m 时，加固单元面积为 $0.36m^2$，已知单根钢绞线截面积为 $140mm^2$，3 根钢绞线截面积为 $140mm^2×3=420mm^2$，单元岩石面积为 $360000mm^2-420mm^2=359580mm^2$。已知围岩的单轴抗压强度 $R_c=30000kN/m^2$，钢筋的单轴抗压强度 $R_m=31505kN/m^2$，即组合材料的抗压强度由 $30000kN/m^2$ 提高到 $31505kN/m^2$。提高承载环的抗压强度，实际上这里只是提出今后研究承载环课题的必要性。另外，长短锚索组合作用也是需要研究的课题之一。

（3）问题的扩展。隧道埋藏较深、围岩较软时，更需要提高承载环的承载力。从上文的分析得知，承载环承载力除了决定于围岩的单轴抗压强度 R_c 和增加锚杆的密度以外，还与施加给承载环的径向应力有关。

前文分析表明，随着围岩径向位移增大的同时若能逐渐增加承载环的径向应力，则承载环的承载能力也会得到提高。

基于这一事实，可采用长短锚索组合的支护结构提高承载环的承载能力。短锚索在塑性区内，一次性完成预应力锁定。长锚索锚固段在围岩弹性区内，支护段穿过塑性区直达围岩表面。长锚索安装时不施加预应力，并与短锚索同时安装。随着围岩塑性变形（径向位移）的增加，长锚索对围岩产生一个约束力，即给承载环表面施加一个径向力。这个径向力随围岩变形增大而增大，从而使承载环的承载能力逐渐提高。

本章小结

新奥法的核心思想是将设计、施工、监测、分析判断等结合为一体。因此新奥法是一件“天地人”高度统一的“艺术作品”。

大变形隧道支护是围岩与支护相互作用，以达到弹塑性平衡。芬纳公式揭示了塑性区扩展与支护反力的关系。

当支护反力为零时（$p_i=0$）塑性区半径 R 最大（$R_0>R_i$）。$p_i=0$ 为无支护状态，此时围岩可能会发生破坏。为了避免围岩发生破坏，取一个安全系数 k（$k>1$），设计的塑性区半径为 $R_{设}=R_0/k$。支护的目的是将塑性区半径控制在 $R_{设}$。此时支护反力与围岩的压力相平衡，即围岩达到塑性平衡状态，围岩的径向位移停止。

根据弹塑性解的唯一性定理，围岩变形曲线与支护特性曲线只能相交于一点。

基于上述分析，围岩在未达到塑性平衡之前围岩径向位移一直在增长，支护结构受力一直在增加。

由此可见，支护应该是增阻变形结构增阻支护，要求支护的伸长量、支护反力满足围岩达到塑性平衡状态时的需要。

当锚索、锚杆单一结构不能满足上述要求时，应采用组合结构。组合结构要求能实现支护反力叠加、变形量叠加。本章给出的钢管锚杆与非预应力压力型锚索组合结构、张拉部分预应力锚索支护结构构思符合围岩变形要求在工程中的实际应用。

本章论述了用锚索、锚杆加固部分塑性区，使其成为承载结构，在工程中应用得很成功。希望在今后开展这方面的研究中起到抛砖引玉的作用。

参 考 文 献

孙凯，孙学毅，孙玥，2021. 岩土锚固机理与工程实践[M]. 北京：化学工业出版社.

孙学毅，1979. 软岩隧道中砂浆锚杆支护机理的初步探讨[J]. 地下工程（4）：26-30.

孙学毅，1981. 量测径向位移判别隧道稳定性的研究[J]. 地下工程（5）：15-17.

孙学毅，1996. 管式端锚注浆锚杆原理及应用[J]. 海南矿冶，6（1）：10-15.

徐志英，1993. 岩石力学[M]. 3 版. 北京：中国水利水电出版社.

第 5 章 锚索、锚杆地面工程应用

5.1 锚索、锚杆基坑工程应用

作者在海南从事软土基坑设计与施工前后 10 年，在此其间创立了"地面开挖工程控制变形工法"。该工法于 2004 年获得中国发明专利（专利号：CN1399040A）。软土开挖一般变形较大，过大变形会导致土体破坏。

地面开挖工程控制变形工法是将设计、施工、监测、分析综合为一体的方法。该工法的核心内容有以下 5 点：

（1）超前支护。

（2）分层、分段开挖。

（3）及时喷锚支护。

（4）建立安全监测系统。

（5）加强底部支护结构。

采用该工法要达到的目的是：基坑开挖允许变形，但必须将变形控制在允许范围内。地面开挖控制变形工法从 2004 年创生至今，受到工程界欢迎，在基坑工程中得到广泛应用。

5.1.1 支护结构

2 层地下室基坑一般开挖 11m，3 层地下室基坑一般开挖 17m。开挖方式以直壁为主，支护结构以桩锚为主。多采用钢筋混凝土灌注桩，一次性完成超前支护。2 层地下室一般布置 3 道锚索，3 层地下室布置 4 道、5 道锚索。

5.1.2　基坑自稳高度确定

在研究具有水平表面的半无限土体的稳定性问题时，朗肯和贝尔分别采用滑动线场理论对无黏性土和黏性土的破坏模式进行了分析，并得出了相应的土压力解答。当土体发生拉伸破坏时，拉伸破坏的力称为朗肯主动土压力；当土体发生压缩破坏时，压缩破坏的力称为被动土压力。对于无支撑垂直基坑临界高度问题，可以通过朗肯土压力理论分析滑体的稳定性。如图 5-1 所示，处于破坏点高度为 H_0 的垂直基坑，坑顶出现竖直裂缝，裂缝深度为 nH_0，求解滑动面上滑体的稳定性。

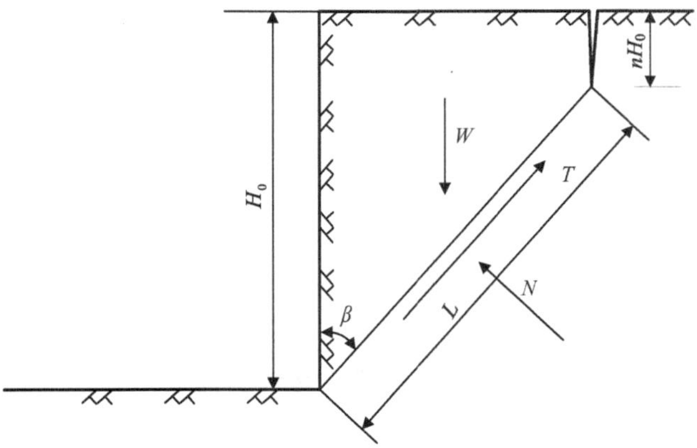

W——滑体重力；*N*——滑体重力引起的垂直滑动面抗力；*T*——滑体重力引起的滑动面上的阻滑力；*β*——滑动角。

图 5-1　垂直基坑临界高度

如图 5-1 所示，滑体是由自稳高度 H_0、垂直裂缝 nH_0 和滑动面围成。当长度为 L 的滑体欲滑动时，存在下述不平衡条件：

$$W=\frac{1}{2}\gamma H_0^2\tan\beta\left(1-n^2\right)$$
$$W\cdot\sin\beta=N$$
$$W\cdot\cos\beta=T=CL+N\cdot\tan\phi$$
$$=C\frac{H_0}{\cos\beta}(1-n)+W\sin\beta\cdot\tan\phi$$

式中 C——土体黏结力；

ϕ——土体内摩擦角；

W——土体滑体重力；

γ——土体容重；

H_0——破坏点高度；

N——滑体重力分解在垂直滑动面上的抗力；

T——滑体重力分解在滑动面上的阻滑力；

n——系数，取值 0～1；

β——滑动角。

于是有

$$W\left(\cos\beta-\sin\beta\cdot\tan\phi\right)=C\frac{H_0}{\cos\beta}(1-n)$$
$$\frac{1}{2}\gamma H_0^2\tan\beta\left(1-n^2\right)\left(\cos\beta-\sin\beta\tan\phi\right)=C\frac{H_0}{\cos\beta}(1-n)$$
$$H_0=\frac{2C}{\gamma(1+n)}\times\frac{1}{\sin\beta\left(\cos\beta-\sin\beta\cdot\tan\phi\right)}$$
$$=\frac{2C}{\gamma(1+n)}\times\frac{\cos\phi}{\sin\beta\left(\cos\beta\cos\phi-\sin\beta\sin\phi\right)}$$
$$=\frac{2C}{\gamma(1+n)}\times\frac{\cos\phi}{\sin\beta\cos\left(\beta+\phi\right)}$$

可以证明，当 $\beta=\frac{\pi}{4}-\frac{\phi}{2}$ 时，H_0 具有最小值：

$$H_0 = \frac{4C}{\gamma(1+n)} \tan\left(\frac{\pi}{4} + \frac{\phi}{2}\right)$$

讨论：

（1）刚开挖时几乎没有排水，可假设ϕ等于零，并且由于负的孔隙水压力的影响，土体暂时能够承受拉应力，因此 n 等于零。开挖瞬间极限高度H_0取值为

$$H_0 = \frac{4C}{\gamma}$$

（2）开挖后长期稳定H_0值。经过充分排水，假设孔隙水压力为零，可求得

$$H_0 = \frac{2C}{\gamma} \tan\left(\frac{\pi}{4} + \frac{\phi}{2}\right)$$

上式即工程中应用的自稳高度计算式。

5.1.3　坑顶允许水平位移及控制手段

1. 坑顶允许水平位移

理论分析和工程实践表明，直壁开挖基坑坑顶出现竖直裂缝是破坏的初期征兆。太沙基（Terzaghi）教授曾指出：当坑顶水平位移达到开挖深度的$(2\sim3)H/1000$时，坑顶将出现竖向裂缝。

近年来，大量的基坑工程开挖实践证实了太沙基的论述。因此，在基坑工程中采用支护手段和改进施工工艺将基坑坑顶水平位移控制在$(2\sim3)H/1000$之内是常见的设计和施工要求。

2. 控制基坑变形手段

工程实践表明，控制基坑变形有 3 种常用手段：①超前支护、预应

力锚索、坑内支撑；②降水或提高土体的 C、ϕ值；③改变施工工艺，如逆作法。

5.1.4 基坑开挖安全系数的动态过程

基坑采用分层开挖，每层开挖都会扰动土体的平衡，需要用安全系数来衡量其稳定性。因此，基坑的稳定开挖是一个动态过程。

直壁开挖的基坑一般采用桩锚支护结构。超前支护桩一次性完成施工，锚索分层施工。基坑开挖过程中随着桩入土深度的减小，其安全系数是一个由大变小的过程。这时应当采用锚索提供锚固力来平衡主动土压力的增长。开挖后锚索有一个施工时间，锚索锚固力达到设计要求也需要一个时间。

综上，基坑每层开挖都存在两个安全系数，一个是开挖完成瞬间的安全系数 $k_{瞬}$；另一个是本层支护结构完成施工并达到设计强度时的安全系数 $k_{终}$。

值得注意的是，最后一层开挖的安全系数 $k_{瞬}$，如果过小会导致基坑失稳。工程经验表明 $k_{瞬}$ 不得小于 1.2。这就要求设计时在理念上加强底部支护结构。加强底部支护结构一般采用加长超前支护桩入土深度，增加最后两排锚索的锚固力，以及提高被动土压力区的土体强度（C、ϕ值）等措施。

5.2 锚索、锚杆在边坡工程中的应用

边坡修建由下往上施工，在多年的工程实践中作者构建了一种边坡治理锚固工法，深受工程界欢迎，并在实践中得到广泛应用。

1. 锚固工法的理论基础

工程实践和理论分析表明，坡角小于 90° 的边坡发生滑坡主要是由边坡体内的剪应力超过岩体抗剪强度引起的。剪应力 $\tau=(\sigma_1-\sigma_3)/2$ 。

在边坡表面处 $\sigma_3=0$ ，因此边坡表面极易破坏并逐渐向岩体内部发展。当在边坡表面施加一个预应力（外力）使剪应力减小时，边坡将不再发生破坏。边坡底部剪应力最大，常发生剪切破坏，因此边坡底部采用抗滑桩及预应力锚梁抗剪结构。

2. 锚固工法的“三剑客”

锚固工法“三剑客”是指抗滑桩、预应力锚梁和压剪筒压力型锚索。“三剑客”按施工出场排序如下：

（1）抗滑桩。抗滑桩主要采用钢筋混凝土桩或钢管混凝土桩。

（2）预应力锚梁。预应力锚梁具有锚索施加预应力作用，同时具有抗剪作用。工程实践和理论分析都表明，边坡底部剪应力最大，因此要求边坡底部支护结构具有抗剪能力。

（3）压剪筒压力型锚索。压剪筒压力型锚索受力端的压剪筒由钢管与水泥组合构成，可使受力端锚固体抗压强度提高 5 倍以上，可使剪应力峰值 τ_{max} 降低 2/3。压剪筒压力型锚索可取代 3 个分散锚头的压力分散型锚索。

3.　边坡加固结构

边坡加固结构有底部结构和坡面结构两种。

（1）底部结构：预应力锚梁+抗滑桩。

（2）坡面结构：网格梁+压剪筒压力型锚索+锚杆。

4. 动态规划与施工力学

（1）动态规划。完整性好、强度高的岩体加固采用锚索与全长锚固锚杆组合结构，锚杆体为螺纹钢筋。先施工锚索后施工锚杆。

多裂隙、强度较低的岩体要求边坡修建过程中及时控制边坡岩体的变形。采用锚索与钢管端锚预应力注浆全长锚固锚杆（MY 锚杆）组合结构。

（2）施工力学。边坡中上部支护结构以锚固为主，支护机理是改善边坡体受力状态，施加预应力是增加σ_3，目的是减小剪应力τ。

边坡下部支护结构主要是抗滑（剪）。边坡中上部力系属静力平衡力系，外力一施加，即发挥作用。边坡下部力系属极限平衡力系，只有当边坡岩体处于极限平衡状态时抗滑结构才发挥作用。

由于锚固力系与抗滑力系性质不同，边坡中上部与下部的安全系数应分别计算，分为$k_{中上}$与$k_{下}$。

根据多年工程实践经验建议，$k_{中上}$不应小于 1.2$\left(k_{中上}>1.2\right)$，$k_{下}$不应小于 1.5$\left(k_{下}>1.5\right)$。

（3）锚固力传递服从圣维南原理。圣维南原理表明锚固力在边坡岩体内传递范围是有限的，特别在裂隙岩体内传递范围更有限。

基于圣维南原理可以判定距离锚索较远的岩体得不到有效加固。

工程中边坡加固锚索间距一般不超过 5m，形成的网格面积不超过 25m^2。在网格中间部位施工锚杆，以确保中间部位岩体得到有效加固。

（4）边坡工程设计计算注意以下两点：

① 控制应力。控制应力发生在边坡底部应力集中区（地质构造面上），控制应力往往是边坡失稳的因素之一。这是设计时主要考虑的问题。

② 破坏应力。破坏应力是指边坡上部的拉伸应力和边坡底部的剪应力。设计构思时应采用锚索、锚杆抵抗拉伸应力，用抗滑桩抵抗剪应力。

本章小结

沿海城市基坑大部分在软土中开挖。地面开挖工程控制变形工法是新奥法在地面开挖工程中的应用。根据自然哲理和工程实践可以认识到，基坑分层开挖和支护过程中的安全系数是动态变化的。这种动态性是设计基坑开挖与支护构思的基础。

基坑采用分层开挖，每层开挖都会扰动土体平衡，需要用安全系数来衡量其稳定性。因此维持基坑稳定在开挖中是一个动态过程。

基坑每层开挖都存在两个安全系数。一个是开挖完成时的安全系数 $k_{瞬}$，另一个是本层支护结构完成施工并达到设计强度时的安全系数 $k_{终}$。采用桩锚支护结构的直壁基坑，随着开挖深度的增加，$k_{瞬}$ 由大变小。值得注意的是基坑底层开挖往往由于 $k_{瞬}$ 过小而引起基坑失稳，因此需要在设计理念上加强底部支护结构。

边坡治理、锚固工法的核心理念：边坡中上部采用锚固结构加固，下部采用抗滑结构加固。锚固结构施工完成之后即起加固作用，力系的性质属静力平衡力系。抗滑结构只有边坡岩体处于极限平衡状态时才发挥作用，力系的性质属极限平衡力系。由于边坡中上部加固结构与边坡下部加固结构力系性质不同，因此边坡中上部安全系数与边坡下部安全系数应分别进行计算。锚固力在岩体内传递服从圣维南原理。施工前应进行动态规划，完整性好、强度高的岩体先施工锚索，后施工锚杆。这种施工工艺使锚索、锚杆的力学行为相一致，共同约束边坡岩土体变形。强度较低的岩体应采用 MY 锚杆与锚索组合应同时施工，施工时以施工力学作为指导思想。

参 考 文 献

李广仪，2009．岩土工程 50 讲：岩坛漫话[M]．2 版．北京：人民交通出版社．

孙凯，孙学毅，2021．岩土体锚固与动态施工力学[M]．北京：科学出版社．

孙凯，孙学毅，孙玥，2021．岩土锚固机理与工程实践[M]．北京：化学工业出版社．

王建宇，2021．矿山法隧道工程修建理念的更新[M]．北京：人民交通出版社．

渥美光，铃木幸三，1981．材料力学[M]．北京：人民教育出版社．

徐芝纶，2002．弹性力学简明教程[M]．3 版．北京：高等教育出版社．

徐志英，1993．岩石力学[M]．3 版．北京：中国水利水电出版社．

朱维申，何满潮，1995．复杂条件下围岩稳定性与岩体动态施工力学[M]．北京：科学出版社．

C.R.斯科特，1983．土力学及地基工程[M]．钱家欢，等译．北京：水利电力出版．

E.Hoek，E.Tbrown，1986．岩石地下工程[M]．连志升，等译．北京：冶金工业出版社．

E.J.赫恩，1981．材料力学[M]．孙立谔，译．北京：人民教育出版社．

S.P.铁摩幸柯，J.M.盖莱，1958．弹性稳定理论[M]．张福范，译．2 版．北京：科学出版社．

Rankine W J M, 1857. On the stability of loose earth[J]. Philosophical Transactions of the Royal Society of London, 147(1): 9-27.

第 6 章 锚索、锚杆抗浮工程应用

锚固抗浮是将锚索、锚杆的外端锚固定在需要抗浮建筑物底板内，用锚固力克服地下水的浮力。因此建筑物的底板应按抗浮结构设计。

锚固抗浮设计的程序是先求出浮力，给出安全系数，按照抗浮工程对象要求，根据锚固抗浮机理选择合适的抗浮锚固结构。

6.1 全长锚固锚杆抗浮机理

锚杆一部分埋设在抗浮建筑物底板内，另一部分埋设在岩土地基内。通过埋设在地基内的锚杆拉住（阻止）建筑物底板上浮。锚杆受拉，最大张力点在底板与地基的界面处。设计时埋设在底板处锚杆的锚固力大于杆体的抗拉强度，因此不必担心埋设在底板处锚杆的锚固力，只需分析埋设在地基内锚杆的受力。

6.2 锚杆受力模型建立

地下水浮力作用于建筑物底板，当浮力大于建筑物自重时，底板将上浮，锚杆受拉。这种情况可归结为半平面体在边界上受垂直集中力的问题。这个问题由弗拉芒特（Flamant）首先得出，称为弗拉芒特问题。上述问题也可以归结为半空间体在边界上受法向集中力问题，这个问题首先由布西内斯克（Boussinesq）得出，称为布西内斯克问题。

垂直锚杆在平面边界上受拉，在上述问题基础上经过变换不难求出受力分布。本章只分析应力传递（分布规律），因此应用弗拉芒特或布西内斯克的经典问题即能说清楚。

6.3 弗拉芒特问题

设有半平面体，在直边界上受垂直集中力 p 作用，选择直角坐标系，如图 6-1 所示。

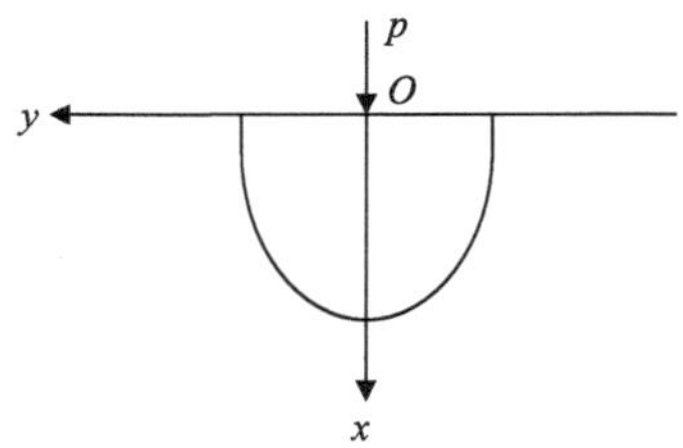

图 6-1 半平面体在直边界上受垂直集中力 p 作用

图中半平面体在直边界上受垂直集中力，应力分量表达式为

$$\begin{cases}\sigma_x=-\dfrac{2p}{\pi}\dfrac{x^3}{\left(x^2+y^2\right)^2}\\ \sigma_y=-\dfrac{2p}{\pi}\dfrac{xy^2}{\left(x^2+y^2\right)^2}\\ \tau_{xy}=\tau_{yx}=\dfrac{2p}{\pi}\dfrac{x^2y}{x^2+y^2}\end{cases}\tag{6-1}$$

由于只分析锚杆轴向（x 向）应力分布，此时 y=0，则式（6-1）第一项变为

$$\sigma_x = -\frac{2p}{\pi x}$$

由于锚杆受拉，则有

$$\sigma_x = \frac{2p}{\pi x} \tag{6-2}$$

由此得出应力σ_x沿 x 轴方向呈反比例传递。

6.4　锚杆抗浮施工

1. 先施工锚杆后施工底板工艺

由于施工时基坑内降水，当底板完成施工时作用在地基上的力只有底板重力，使地基产生压缩变形。锚杆体同样受到底板重力作用，由于锚杆体的弹性模量远大于地基的弹性模量，因此在同样压缩量的情况下锚杆的应力较大。此时锚杆体相当于一个受侧向约束的受压弹性杆。

由于底板的重量有限，地基、锚杆都处于弹性变形状态。根据圣维南原理可知，这种压力传递的深度有限。

当地下建筑物完成基坑回填，停止坑内降水时，地下水位上升到常态地下水位，对建筑物底板会产生一个上浮力。原来的压应力会抵消一部分上浮力，使锚杆由受压转为受拉。

2. 先施工底板后施工锚杆工艺

这种工艺地基受到的压力与上述工艺相同，但是锚杆由于后施工，没有受到底板的压力，因此直接受到浮力产生的拉力作用，锚杆受的拉力大于先施工锚杆的拉力。

上述分析表明，先施工锚杆的工艺优于先施工底板的工艺，具体表现如下：

（1）由于先施工锚杆，浇筑混凝土底板时可直接将锚杆浇筑在底板中，免除底板预留锚杆孔安装锚板、底板注浆封孔等工序。可见工艺简单，施工方便。

（2）节省施工造价。

（3）锚杆的拉力有所减小。

6.5 问题展开分析

前文描述中已提到建筑物底板重量对抗浮有作用，它可以抵消一部分地下水的浮力。

现底板受到一个均布压力并考虑地基重力，求这两个力在地基中的分布。这个问题可归结到半空间体受重力及均布压力作用。设有半空间体，密度为ρ。在水平边界上受均布压力q作用，边界面为xy面，z轴垂直向下，如图 6-2 所示。

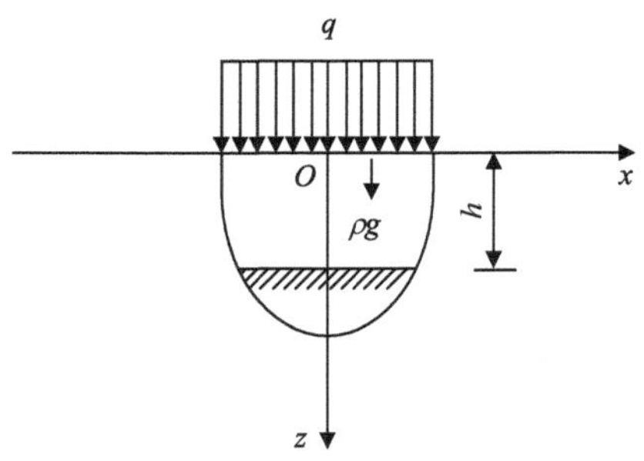

图 6-2　水平边界受均布压力 q 作用

这样，体力分量$f_x=0$，$f_y=0$，$f_z=\rho g$。

由弹性力学知，按位移求解空间问题的基本微分方程为

$$
\begin{cases}
\dfrac{E}{2(1+\mu)}\left(\dfrac{1}{1-2\mu}\dfrac{\partial\theta}{\partial x}+\nabla^2 u\right)+f_x=0\\
\dfrac{E}{2(1+\mu)}\left(\dfrac{1}{1-2\mu}\dfrac{\partial\theta}{\partial y}+\nabla^2 v\right)+f_y=0\\
\dfrac{E}{2(1+\mu)}\left(\dfrac{1}{1-2\mu}\dfrac{\partial\theta}{\partial z}+\nabla^2 w\right)+f_z=0
\end{cases}
\tag{6-3}
$$

式中　$\theta=\dfrac{\partial u}{\partial x}+\dfrac{\partial v}{\partial y}+\dfrac{\partial w}{\partial z}$；$\nabla^2=\dfrac{\partial^2}{\partial x^2}+\dfrac{\partial^2}{\partial y^2}+\dfrac{\partial^2}{\partial z^2}$。

由于对称（任一铅直平面都是对称面），假设：

$$u=0,\quad v=0,\quad w=w(z)$$

可得

$$\theta=\frac{\partial u}{\partial x}+\frac{\partial v}{\partial y}+\frac{\partial w}{\partial z}=\frac{\mathrm{d}w}{\mathrm{d}z}$$

$$\frac{\partial\theta}{\partial x}=0,\quad \frac{\partial\theta}{\theta y}=0,\quad \frac{\partial\theta}{\partial z}=\frac{\mathrm{d}^2 w}{\mathrm{d}z^2}$$

可见基本方程式（6-3）中的前两式自然满足，第三式为

$$\frac{E}{2(1+\mu)}\left(\frac{1}{1-2\mu}\frac{\mathrm{d}^2 w}{\mathrm{d}z^2}+\frac{\mathrm{d}^2 w}{\mathrm{d}z^2}\right)+\rho g=0$$

经过简化、积分和根据边界条件决定常数，最后可求得应力分量的解答如下：

$$
\begin{cases}
\sigma_x=\sigma_y=-\dfrac{\mu}{1-\mu}(q+\rho gz)\\
\sigma_z=-(q+\rho gz)\\
\tau_{yz}=\tau_{zx}=\tau_{xy}=0
\end{cases}
\tag{6-4}
$$

式（6-4）中，σ_x 和 σ_y 是垂直截面上的水平正应力，σ_z 是水平截面上的垂直正应力，它们的比值是

$$\frac{\sigma_x}{\sigma_z}=\frac{\sigma_y}{\sigma_z}=\frac{\mu}{1-\mu} \tag{6-5}$$

上述结果与土力学的结果完全相同，说明上述分析完全正确。比值 $\frac{\mu}{1-\mu}$ 在土力学中称为侧压系数。

由上述分析可知，常体力情况下 σ_z 方向应力分布仅是 z 的函数。这启发我们构思一种重力锚固抗浮结构。

6.6 桩重力锚固抗浮结构

1. 构造原理

砂质淤泥地基往往需要进行地基处理。建筑物需要抗浮时，一层地下空间条件下抗浮结构可采用如下构思的桩重力锚固抗浮结构。

该结构的构造原理是将复合地基中的高强度旋喷桩与抗浮锚杆组合。锚杆的一部分锚固在桩体内，另一部分锚固在抗浮底板内。当地下水浮力使底板上浮时，必须克服桩体自重 W 和桩侧阻力 Q，从而起抗浮作用。该抗浮结构称为桩重力锚固抗浮结构。该抗浮结构设计时，锚杆的锚固合力 $N(W+Q)$ 应大于地下水的浮力，即满足如下不等式：

$$N(W+Q)>k\left(\gamma_{水}\cdot S\cdot\Delta h-G\right) \tag{6-6}$$

式中 N——桩数量；

W——桩自重，$W=\pi R^2\cdot L\cdot\gamma_{桩}$，$\gamma_{桩}$ 为旋喷桩容重，L 为桩的长度，R 为桩的半径；

Q——桩侧阻力，$Q=\pi DLq$，D 为桩的直径，L 为桩的长度，q 为桩侧阻力强度；

k——安全系数；

S——抗浮底板面积；

$\gamma_{水}$——地下水容重；

Δh——地下水位差；

G——抗浮建筑物自重。

2. 举例说明设计过程

（1）工程概况。在海滨拟建一个会展中心，一层地下空间修建地下停车场，地基土为砂质淤泥土，地下水位距离地表 1.0m，基坑开挖深度 5.0m。

（2）基础数据。设计采用高强度旋喷桩复合地基，桩半径 R=1.5m，桩长 L=8m，排间距支护面积=3m×3m，底板面积 S=50m×50m，抗浮底板厚为 1.0m，地下水容重 $\gamma_{水}$=10kN/m^3，旋喷桩容重 $\gamma_{桩}$=23kN/m^3，侧阻力 Q=0.35W，建筑物容重为 30kN/m^3，地下水位差 Δh=4m。

（3）桩重力锚固抗浮结构设计。

① 计算上浮力。根据相关规范，安全系数取 k=1.5，

$$F_{浮}=1.5\times(10\times50\times50\times4-30\times50\times50\times1.0)=37500(\text{kN})$$

② 计算单桩抗浮面积，确定桩数量。

$$S_{桩}=3\times3=9(\text{m}^2/\text{根})$$

$$N=50\times50\div9\approx278(\text{根})$$

③ 计算桩体重力、桩侧阻力。

$$W=3.14\times1.5\times1.5\times8\times23\approx1300(\text{kN}/\text{根})$$

$$Q=0.35W\approx455(\text{kN}/\text{根})$$

④ 判定方案正确性。

$$N(W+Q)>k(\gamma_{水}\cdot S\cdot\Delta h-G)$$

$$487890\text{kN}>37500\text{kN}$$

由于 487890kN 远大于 37500kN，因此方案成立。

⑤ 确定锚杆体直径及锚杆体长度。由于每根锚杆承担的抗拉力为

135kN（37500kN÷278 根），因此锚杆体选择 HPB235 型螺纹钢筋，ϕ32mm，$p_{\phi 32}$=170.1kN。

锚杆体长度：

$$L=1+8=9(\mathrm{m})$$

锚杆施工：杆体两端加工增加阻力结构。旋喷桩完成深搅拌之后立即插入锚杆以实现下部锚固。锚杆上部外露端底板施工时埋入底板内。

6.7 锚索抗浮机理、参数设计

1. 锚索抗浮机理

锚索通过施加的预应力（外力）传递到地基深处将抗浮建筑物稳固在地基上。锚索抗浮机理是传递外力。

2. 锚索类型比较

从前文对拉力型、压力型锚索在技术上进行的对比分析可以看出，压力型锚索在结构稳定性、锚固体受力、力的传递等方面都优于拉力型锚索。

这里值得指出的是抗浮选择拉力型锚索，每根锚索增加张拉自由伸长段，浪费 5～7m 锚索长度不可忽视。

3. 锚索参数设计

（1）确定间距。根据工程经验，锚索排间距支护面积一般取 2.0m×2.0m 至 2.5m×2.5m。

（2）计算每根锚索承担的抗浮力。

（3）根据承担抗浮力确定锚索吨位，由此确定每根锚索钢绞线的数量。

（4）根据锚索吨位计算每根锚索锚固段长度。

4. 压力型锚索应用

二层、三层地下空间选用压力型锚索抗浮。岩石地基选用压剪筒压力型锚索，土质地基选用扩大头压剪筒压力型锚索。

5. 工程实例

【例一】某热电厂蓄水池基坑开挖深度 12m，地下水位距地表 1.0m，抗浮底板面积 50m×50m，厚度 1.5m，容重 25kN/m^3。地基砂层厚 7m，强风化砂岩厚 6m，裂隙砂岩厚 20m。蓄水池定期清理，需要放水，要求抗浮。

（1）确定锚索排间距支护面积计算抗浮力。根据工程经验，锚索排间距支护面积取 2.5m×2.5m。根据每根锚索承担的抗浮力为

$$F_{索浮}=k\left(\gamma_{水}\cdot\Delta h\cdot S_{索}-G\right)$$

取 $k=1.5$，$\gamma_{水}=10\text{kN/m}^3$，$\Delta h=12-1.0=11(\text{m})$，$S_{索}=2.5\times2.5=6.25(\text{m}^2)$，底板自重 $G=25\times6.25\times1.5=234.4(\text{kN})$，可得

$$F_{索浮}=1.5\times\left(10\times11\times6.25-234.4\right)\approx680(\text{kN/索})$$

（2）锚孔直径取 D=20cm，由此求得锚固体承受压应力为

$$S_{孔}=\frac{3.14\times0.2\times0.2}{4}\approx0.03(\text{m}^2)$$

$$\sigma_{压}=680\div0.03\approx22667(\text{kN/m}^2)$$

由于锚固体承受的压应力大，锚索选用压剪筒压力型锚索。

（3）计算每米长孔壁面积为

$$S=\pi\times D\times1=3.14\times0.2\times1=0.63(\text{m}^2)$$

（4）每米长锚索锚固力为

$$p_{锚}=S\times q$$

式中　$p_{锚}$——每米长锚索锚固力；

S——每米长孔壁面积；

q——每平方米孔壁与锚固体之间黏结力。

根据相关规范求得 q=130kN/m²，代入 q、S 值求得

$$p_{锚}=0.63\times 130=81.9(\text{kN})$$

（5）计算压力型锚索长度为

$$L_{锚}=680\div 81.9\approx 8.3(\text{m})，取 8.5\text{m}$$

考虑张拉自由伸长段需要有足够长度，取 $L_{锚}$=8m。

（6）确定锚索体。锚索体选用 ϕ5mm×7m 无黏结钢绞线，屈服强度标准值为 167kN/根，则有

$$680\div 167\approx 4.1(根)$$

由此可得，每根锚索取 5 根无黏结钢绞线。

【例二】在海滨拟建一座会展中心，地面一层、地下二层停车场，底板面积 70m×70m。基坑开挖深度 11m，地基土为砂质淤泥软土厚 9m，中砂层厚 16m。地下水位距地表 0.5m，抗浮底板厚 1.5m。

（1）确定锚索排间距支护面积计算抗浮力。根据工程经验，锚索排间距支护面积取 2.5m×2.5m。根据每根锚索承担的抗浮力为

$$F_{索浮}=k\left(\gamma_{水}\cdot\Delta h\cdot S_{索}-G\right)$$

取 $k=1.5$，$\gamma_{水}=10\text{kN/m}^3$，$\Delta h=12-1.0=11(\text{m})$，$S_{索}=2.5\times 2.5=6.25(\text{m}^2)$，底板自重 $G=25\times 6.25\times 1.5=234.4(\text{kN})$，可得

$$F_{索浮}=1.5\times\left(10\times 10.5\times 6.25-234.4\right)$$
$$\approx 633(\text{kN/索})$$

（2）由于单索预应力较高（633kN/索），砂质淤泥土与锚固体黏结强度只有 40～50kPa，因此选用扩大头压剪筒压力型锚索。锚孔直径取 D=20cm，扩大头直径取 $D_{扩}$=30cm，扩大头长为 1.0m。

（3）计算每米长锚索锚固力。现场试验和理论分析表明，土体破坏模式是沿扩大孔径（D=0.3m）处发生剪切破坏。给定土体剪切破坏强度为 80kN/m^2。由此可求得每米长锚索允许剪应力为

$$p_{索扩}=3.14\times0.3\times80\times1\approx75.4(\mathrm{kN})$$

（4）计算锚索长度为

$$L_{锚}=633\div75.4\approx8.4(\mathrm{m})，取 9\mathrm{m}$$

考虑张拉自由伸长段需要有足够长度，取 $L_{锚}$=8m。

（5）确定索体无黏结钢绞线根数。本例锚索承担的抗浮力与例一很接近（680kN>633kN），因此索体也选用 5 根 ϕ5mm×7m 无黏结钢绞线。

注意：本节的两个工程实例，若选用拉力型锚索，则带来的浪费估算如下：

例一锚索根数：50×50÷6.25=400(根)。

例二锚索根数：70×70÷6.25=784(根)。

每根锚索增加长度：6−2=4(m)。

总增加锚索长度：4×(400+784)=4736(m)。

每锚索市场价：170 元/m。

浪费投资：170×4736=80.5(万元)。

本章小结

抗浮设计是在建筑物底板满足抗浮要求条件下进行。建筑物结构受力、变形是建筑设计的内容。

本章论述了锚固抗浮结构是目前最好的抗浮结构，提出了全长锚固锚杆和压力型锚索是在众多抗浮结构中优秀抗浮“剑客”。

锚索抗浮机理是将预应力（外力）传递到地基深处，使底板稳固在地基上，锚索施工只能在建筑物底板上进行。

锚杆抗浮机理与锚索不同。锚杆一部分锚固在底板内，另一部分锚固在地基内。锚杆在抗浮过程中与地基相互作用，锚杆受拉，最大张力点在底板与地基界面处。先施工锚杆后施工底板工艺合理。底板施工时锚杆受压（底板重力作用），底板完成施工基坑停止降水，浮力使底板上抬，锚杆由受压转为受拉。因此先施工锚杆工艺可减小一部分锚杆所受的拉力。

在展开问题讨论中通过引述经典问题（符拉芒问题、布西内斯克问题）证实了圣维南原理在抗浮锚固中的存在。

在经典问题的基础上分析了水平表面地基受均布压力和常体力作用下铅垂方向应力分布（σ_z）仅是竖向坐标 z 的函数。在理论分析指导下，构筑一种重力锚固抗浮结构。本结构适用于需要进行地基处理的一层地下空间抗浮工程。重力锚固抗浮原理将锚杆的一部分埋设在复合地基的桩身内，另一部分埋设在抗浮底板内，利用桩体自重和桩侧阻力抗浮。

一层地下空间推荐选用全长锚固锚杆抗浮结构。当采用旋喷桩复合地基时推荐选用重力锚固抗浮结构。二层、三层地下空间推荐选用压力型锚索抗浮结构。

参 考 文 献

彭宣茂，傅作新，张子明，1991．岩基中的垂直锚杆与分析[J]．岩土工程学报，13（5）：54-63．

孙凯，孙学毅，2021．岩土体锚固与动态施工力学[M]．北京：科学出版社．

孙凯，孙学毅，孙玥，2021．岩土锚固机理与工程实践[M]．北京：化学工业出版社．

徐芝纶，2002．弹性力学简明教程[M]．3 版．北京：高等教育出版社．

第 7 章 锚索、锚杆应力松弛及流变破坏

相关报道显示，在台中、台南岩土加固工程中检测 13800 根服务期长达 20 年的锚索，预应力损失 20%者占 23%，预应力损失 20%～50%者占 35%，预应力损失 50%～80%者占 24%，预应力完全损失者占 10%。

李瑞友等研究提出：三峡永久船闸锚索在监测期间，3000kN 级锚索最大应力损失 11.89%，最小应力损失 5.9%。1000kN 级锚索最大应力损失 12.5%，最小应力损失 1.8%。

分析认为，锚索应力损失源于两个方面因素：一方面是钢绞线应力松弛，另一方面是锚梁变形以及锚梁下面地基下沉。后者是施工引起的，可控。本章仅讨论钢绞线应力松弛引起的应力损失。

7.1 用松弛模型描述钢绞线应力松弛

松弛模型也称麦克斯韦（Maxwell）模型，它是由一个弹性元件和一个黏性元件串联而成，如图 7-1（a）所示。根据串联模型中各元件应力相等、应变为各元件之和的条件，可以求得松弛模型的物理方程如下。

由于总应变等于各元件应变之和，将 $\sigma=E\varepsilon_1$ 与 $\varepsilon=\varepsilon_1+\varepsilon_2$ 对时间求导，然后与 $\sigma=k\dot{\varepsilon}_2$ 联立消去 $\dot{\varepsilon}_1$ 及 $\dot{\varepsilon}_2$，得到松弛模型的物理方程（Maxwell 方程）。

$$\sigma+n\dot{\sigma}=k\dot{\varepsilon} \tag{7-1}$$

式中　n——松弛时间，$n=k/E$；

　　　k——黏性系数。

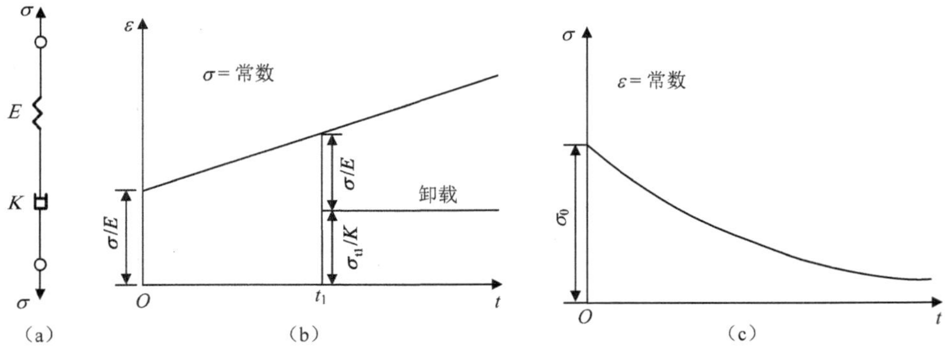

图 7-1　松弛模型

假设锚索钢绞线具有 Maxwell 体的性质，下文研究钢绞线的工作状态。

1. 锚索钢绞线在初始瞬时作用常应力 σ

在这种情况下钢绞线首先产生弹性应变 $\varepsilon=\dfrac{\sigma}{E}$。为了进一步求出张拉后的变形规律，可求解式（7-1）。当 σ 为常量时，式（7-1）转换为

$$\dot{\varepsilon}=\frac{\sigma}{k}$$

对时间 t 积分，得到

$$\varepsilon=\frac{\sigma}{k}t+C \tag{7-2}$$

应用初始条件 $t=0$ 时 $\varepsilon=\dfrac{\sigma}{E}$，解出 $C=\dfrac{\sigma}{E}$，将其代入式（7-2），得出钢绞线在常应力作用下的变形规律为

$$\varepsilon=\frac{\sigma}{E}+\frac{\sigma}{k}t \tag{7-3}$$

式（7-3）表示钢绞线的应变随时间按线性规律增长，应变速率 $\dot{\varepsilon}=\dfrac{\sigma}{k}$ 等于常量，如图 7-1（b）所示。

假设流变变形符合叠加原理，则在 $t=t_1$ 时卸载后的变形规律，可以在钢绞线上叠加以大小相等方向相反的荷载后得到。在 $t=t_1$ 时刻开始作用应力 $(-\sigma)$ 时，钢绞线的变形为

$$\varepsilon=-\frac{\sigma}{E}-\frac{\sigma}{k}\left(t-t_1\right)$$

与式（7-3）相加，得到

$$\varepsilon=\frac{\sigma}{k}t_1$$

可见，松弛模型在卸载后弹性应变将立即消失，流变应变不能恢复，如图 7-1（b）所示。由此得到启发，大变形的钢绞线增加不可恢复的流变变形可能导致破坏加速。

2. 钢绞线的应力松弛

钢绞线获得初弹性应变 ε_0 之后总应变保持不变。在初始瞬时，钢绞线的应力为 $\sigma=\sigma_0=E\varepsilon_0$，以后应力的变化可由式（7-1）解得。当应变为常量时，式（7-1）简化为

$$\sigma+n\dot{\sigma}=0$$

其解为

$$\sigma=c\mathrm{e}^{-\frac{t}{n}}$$

应用初始条件：$t=0$ 时，$\sigma=\sigma_0$，解得 $c=\sigma_0$，代入上式，得到

$$\sigma=\sigma_0\mathrm{e}^{-\frac{t}{n}} \tag{7-4}$$

因此，松弛模型在保持总应变不变的条件下，应力随时间衰减，如图 7-1（c）所示。

由式（7-4）可以看出，当$t=n$时，$\sigma=\frac{\sigma_0}{\mathrm{e}}$，即经过的时间等于松弛时间后，应力将衰减到初始弹性应力的$\frac{1}{\mathrm{e}}$。

目前锚索设计思路是通过极限平衡法计算求得一个最小保证应力$\sigma_{计}=\sigma_{\min}$，锚索设计应力值$\sigma_{设}=k\sigma_{计}$，这里k是安全系数。如果将钢绞线视为Maxwell体，须取k=e（取e=2.7），这样做工程造价太大。事实上钢绞线并不完全符合Maxwell体特性。因此有必要进一步研究钢绞线的应力松弛。

7.2　流动理论简介

流动理论假设材料的流变与黏滞流动具有某种相似的性质，认为流变的应变速率与应力、时间之间存在某种简单的函数关系，即

$$\frac{\mathrm{d}\varepsilon_{\mathrm{c}}}{\mathrm{d}t}=f_1(\sigma,t)$$

用ξ_{c}、ξ_{e}和ξ_{p}表示流变的应变速率、弹性应变速率和塑性应变速率，于是总应变速率为

$$\xi=\xi_{\mathrm{e}}+\xi_{\mathrm{p}}+\xi_{\mathrm{c}}$$

当应力未超过弹性极限时，$\xi_{\mathrm{p}}=0$，弹性应变速率为

$$\xi_{\mathrm{e}}=\frac{1}{E}\frac{\mathrm{d}\sigma}{\mathrm{d}t}$$

试验发现，当工作温度不变时，金属材料在缓慢并单调变化的应力作用下，流变速率与应力、时间的关系如下：

$$\xi_{\mathrm{c}}=B(t)\sigma^m \tag{7-5}$$

式中　$B(t)=\frac{\mathrm{d}}{\mathrm{d}t}\Omega(t)$，$\Omega(t)$为单位应力作用下的流变；

σ^m——t时刻的应力；

m——流变指数，当 m=1 时，表示应力与流变的关系是线性的，否则是非线性的。

将流变速率与弹性应变速率代入总应变速率，得

$$\xi = B(t)\sigma^m + \frac{1}{E}\frac{\mathrm{d}\sigma}{\mathrm{d}t} \tag{7-6}$$

在式（7-6）中，当 $B(t)$为常量且 m=1 时，即得到 Maxwell 方程，故流动理论方程式是 Maxwell 方程的普遍形式。

当时间很长时，函数 $B(t)$接近于常量 B，等于流变第二阶段的速率。如果荷载不变而且可以略去微小的弹性应变速率，则采取如下更简单的流动理论规律：

$$\xi = B\sigma^m \tag{7-7}$$

流动理论在应用上限制如下：适用于应力单调且缓慢变化的情况。锚索钢绞线的工作状态满足上述条件。

7.3　应用流动理论计算钢绞线的应力松弛

由于钢绞线松弛使应力降低，规定降低的应力不应小于要保证的最小应力 $\sigma_{\min}$。由此条件出发，求出经过多长时间进行补充张拉恢复设计的预应力。

解：设锚索张拉（常应力作用）时初始弹性伸长量为 ΔL_0，以后总伸长量保持不变。由于流变，钢绞线的弹性变形 ΔL_e 逐渐被流变变形 ΔL_c 所代替，因此钢绞线中的应力将降低。现以 σ_0 表示初始弹性应力，σ 表示随时间变化的应力，根据所设条件，有

$$\Delta L_\mathrm{e} + \Delta L_\mathrm{c} = \Delta L_0 = 常量$$

或

$$\varepsilon_\mathrm{e} + \varepsilon_\mathrm{c} = \frac{\sigma}{E} + \varepsilon_\mathrm{c} = \frac{\sigma_0}{E}$$

对时间求导，可得

$$\frac{\dot{\sigma}}{E}+\xi_{c}=0$$

根据流动理论

$$\xi_{c}=B(t)\sigma^{m}$$

可得

$$B(t)\sigma^{m}+\frac{1}{E}\dot{\sigma}=0$$

分离变量，并进行积分，可得

$$\frac{d\sigma}{\sigma^{m}}=-EB(t)dt$$

$$\int_{\sigma_0}^{\sigma}\frac{d\sigma}{\sigma^{m}}=-E\int_{0}^{t}B(t)dt=-E\Omega(t)$$

最后得到

$$\rho=\frac{1}{t^{*}m^{-1}\sqrt{1+(m-1)}} \tag{7-8}$$

式（7-8）中引入了无量纲量：$\rho=\dfrac{\sigma}{\sigma_0}$；$t^{*}=E\Omega(t)\sigma_0^{m-1}$，其中$\Omega(t)$是单位应力作用下的流变函数。无量纲量$\rho$与$t^{*}$的关系是当时间增大时$t^{*}$增加，而$\rho$减小，即应力随时间衰减。

当函数$\Omega(t)$已知时，在给出最小应力$\sigma_{\min}=\sigma_0/k$的情况下可以求出锚索需要补张拉的时间间隔，这里σ_0为锚索张拉锁定时的预应力，k为安全系数。

如果没有现成的$\Omega(t)$函数，可以直接利用试验得到的流变曲线求锚索补张拉的时间。例如，有一条$\sigma=\sigma_1$下的流变曲线，因为流变应变

$$\varepsilon_{c1}=\Omega(t)\sigma_1^{m}$$

所以有

$$\Omega(t)=\frac{\varepsilon_{c1}}{\sigma_1^m}$$

又因为 $\Omega(t)=t^*/E\sigma_0^{m-1}$，故

$$\frac{\varepsilon_{c1}}{\sigma_1^m}=\frac{t^*}{E\sigma_0^{m-1}} \tag{7-9}$$

式中　$\sigma_1{}^m$——t 时刻的应力；

$\sigma_0{}^{m-1}$——初始时刻（t=0）的应力。

由此解出

$$\varepsilon_{c1}=\frac{\sigma_0}{E}\left(\frac{\sigma_1}{\sigma_0}\right)^m t^*=\frac{\sigma_0}{E}\rho^m t^* \tag{7-10}$$

对于给定的 ρ 值和已知的 m 值首先由式（7-8）求得相应 t^*，然后由式（7-10）求得 ε_{c1}，最后根据 ε_{c1}，在流变曲线上求出对应的时间 t。

【例】 已知钢绞线张拉索定时的预应力 σ_0=1116MPa，安全系数 k=1.2。最小应力允许降至 σ_{min}=930MPa。钢绞线弹性模量 E=195000MPa 取 σ 接近 σ_0，$\rho=\frac{\sigma}{\sigma_0}\approx 1$，则式（7-10）转换为

$$\varepsilon_c=\frac{\sigma_{min}}{E}t^* \tag{7-11}$$

式中　ε_c——流变应变；

t^*——无量纲定常数，此处为线性流变，m=1，则由式（7-8）求得 t^*=1。

将具体数值代入式（7-11），可得

$$\varepsilon_c=\frac{930\text{MPa}}{195000\text{MPa}}\times 1\approx 0.00477$$

由观测的钢绞线流变曲线纵坐标上找到 $\varepsilon_c\approx 0.00477$ 的点，然后依据 ε_c 值在流变曲线横坐标找到对应的时间 t=180d。180d 即为锚索补张拉的间隔时间，如图 7-2 所示。

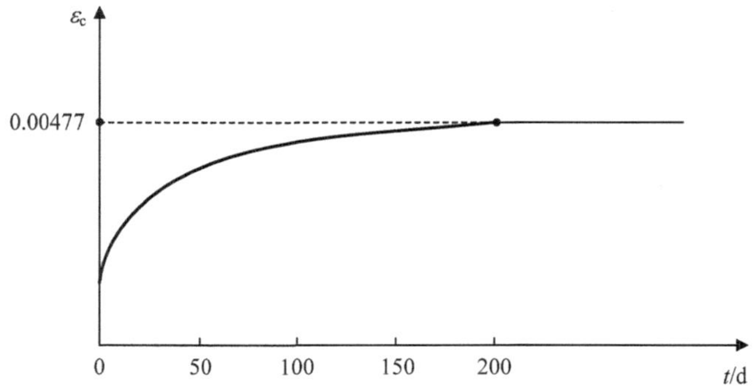

图 7-2　钢绞线流变曲线

将上述理论分析结果进行整理，得到确定锚索补张拉时间的具体步骤如下：

（1）在室内取一根与工程使用相同的钢绞线进行流变试验，拉力σ_0与工程锚索预应力相等，即$\sigma_0=0.6\sigma_s$，σ_s为钢绞线抗拉强度。

（2）将式（7-10）转换为

$$\varepsilon_c=\frac{\sigma_0}{E}t^* \tag{7-12}$$

由于锚索钢绞线属于线性流变，m=1，取$\sigma\approx\sigma_0$，由式（7-8）求得t^*=1。将t^*值代入式（7-12）得

$$\varepsilon_c=\frac{\sigma_0}{E} \tag{7-13}$$

（3）由式（7-13）可知，流变变形ε_c等于初始应力σ_0与钢绞线弹性模量E之比。

式(7-13)在工程中很有价值，应用方便。由σ_0与E可直接求出ε_c，根据ε_c可从钢绞线的流变试验曲线横坐标上截取锚索补张拉时间t。根据t进行补张拉恢复锚索设计预应力。

在工程中，将锚索外锚头改造成具有凸台形状即可直接施工补张拉非常方便。

7.4　流变条件下锚索钢绞线破坏时间

在流变条件下钢绞线强度往往不取决于材料的屈服极限或强度极限，而是由在给定的工作期限和温度下导致破坏的应力，即长期强度极限所决定的。

材料在流变条件下的破坏可能具有不同的形态。许多流变破坏发生于大变形情况下（20%～30%，甚至更多），这种破坏具有韧性性质，称为韧性破坏。有时流变破坏在小变形下发生（可能小于 1%），称为脆性破坏。脆性破坏在较长的时间下发生。一般认为前者与材料晶内滑错有关，后者是材料晶间裂纹的形成和发展的结果。直接从试验来研究材料的流变破坏时间是一项困难和费时的工作。因此许多研究者试图根据较容易获得的流变资料来估算材料的破坏时间。下文介绍求受拉钢绞线韧性和脆性破坏时间的两种方法。

1. 受拉钢绞线韧性破坏时间

对于受轴向拉伸的钢绞线，其初始长度和截面积为 L_0、A_0，在任意时刻它们改变为 L、A，在长期流变下，可以略去弹性变形并认为钢绞线体积不可压缩，即

$$L_0 A_0 = LA$$

钢绞线的长度变化速率及轴向应变速率分别为 $\dfrac{\mathrm{d}L}{\mathrm{d}t}$、$\xi=\dfrac{1}{L}\times\dfrac{\mathrm{d}L}{\mathrm{d}t}$。按流动理论方程式（7-7），有

$$\xi = B\sigma^m = B\left(\frac{p}{A}\right)^m$$

即

$$\frac{1}{L}\frac{\mathrm{d}L}{\mathrm{d}t}=B\left(\frac{p}{A}\right)^m \tag{7-14}$$

式中 L——钢绞线长度；

p——钢绞线拉应力（预应力）；

m——流变指数，线性流变 m=1。

利用如上关系，消去截面积 A，得

$$\left(\frac{L_0}{L}\right)^m\frac{\mathrm{d}L}{L}=B\sigma_0^m\mathrm{d}t \tag{7-15}$$

式中 $\sigma_0=\dfrac{p}{A_0}$。

对式（7-15）积分并利用初始条件 t=0 时 $L=L_0$，可得

$$1-\left(\frac{L_0}{L}\right)^m=B\sigma_0^m mt$$

破坏时间相当于 $L\to\infty$，将此条件代入上式，可求出韧性破坏时间 t_1

$$t_1=\frac{1}{B\sigma_0^m m}=\frac{1}{m\xi_0} \tag{7-16}$$

式中 $\xi_0=B\sigma_0^m$，ξ_0 为钢绞线的初始应变速率。

利用式（7-16）可以求得钢绞线的韧性破坏时间。由于钢绞线流变属于线性流变，m=1，锚索预应力为 $0.6\sigma_s$，σ_s 为钢绞线的抗拉强度。

试验表明，在这样应力水平作用下钢绞经流变第二阶段时间较长且流变速率 B 为常量，因此式（7-16）转换为

$$t_1=\frac{1}{B\sigma_0} \tag{7-17}$$

式（7-17）的含义是线性流变条件下，钢绞线韧性破坏时间 t 等于流变第二阶段应变速率 B 与初始应力 σ_0 之积的倒数。可见，只要在室内通过试验测得钢绞线流变第二阶段应变速率 B，即可求得钢绞线韧性破坏时间 t_1。

2. 受拉钢绞线的脆性破坏时间

前文已指出，脆性破坏是由裂纹的形成和发展导致的结果，由于裂纹的发展，钢绞线截面积逐渐减小，有效应力逐渐增大，最后钢绞线断裂。

现用ψ表示钢绞线截面的完整度，在拉伸时刻钢绞线没有受损，完整度$\psi=1$，随着时间的增加，ψ逐渐减小，钢绞线破坏时$\psi=0$，因此$0\leqslant\psi\leqslant1$。现假设有下述关系存在

$$\frac{\mathrm{d}\psi}{\mathrm{d}t}=-A\left(\frac{\sigma_{\max}}{\psi}\right)^{n} \tag{7-18}$$

式中　A、n——大于零的常数，A、n 与材料性质、应力水平有关，可由长期强度试验决定；

$\frac{\sigma_{\max}}{\psi}$——截面消弱后的有效应力，对于受拉钢绞线

$$\sigma_{\max}=\sigma_0=\frac{p}{A}$$

在初始条件 t=0，ψ=1 情况下对式（7-18）积分，得

$$\psi^{n+1}-1=-A(n+1)\sigma_0^n t$$

破坏相当于$\psi=0$，由此决定纯脆性破坏时间t_2为

$$t_2=\frac{1}{(n+1)A\sigma_0^n} \tag{7-19}$$

7.5　根据流变曲线推断流变破坏时间

“推断”在某种意义上讲是运用物理概念推导出结果。作者在前文论述了物理概念是事物内在规律的高度抽象，在这里再一次运用物理概念推断锚索钢绞线受拉大变形脆性破坏时间短于工程中常用锚索钢绞

线受拉韧性破坏时间，以求抛砖引玉。

讨论问题仍然限定在线性流变的基础上，如图 7-3 所示。

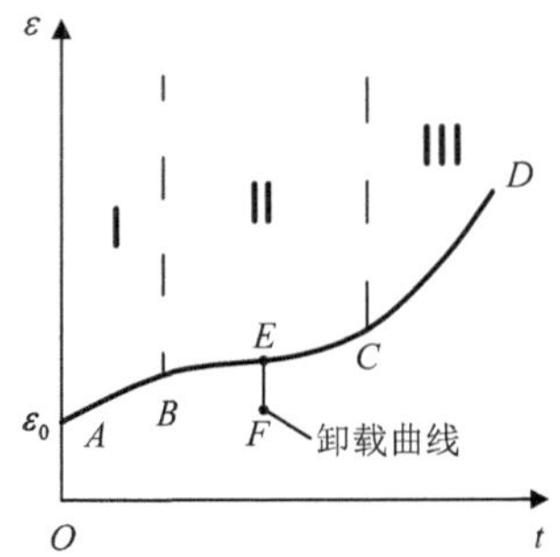

图 7-3　金属杆件受拉流变曲线

流变曲线分为 3 个阶段，*AB* 为流变的第一阶段，应变 ε_0 为瞬时应变，一般第一阶段历时较短。*BC* 为流变的第二阶段，这个阶段流变速率最小且保持不变，速率 ξ_2 为常量。第二阶段历时的长短取决于钢绞线受拉的应力水平，如果应力水平低则时间会很长，如果应力接近钢绞线材料的破坏极限，则第二阶段可能很短甚至消失，这时流变由第一阶段直接过渡到第三阶段。*C* 点以后为流变的第三阶段，进入第三阶段后，流变速率逐渐增大，最终可能在 *C* 点附近发生破坏。

现在研究两条不同应力水平流变曲线，如图 7-4 所示。图中，曲线 I 为高应力水平大变形锚索钢绞线流变试验曲线，曲线 II 为工程中常用锚索钢绞线流变试验曲线。图中取接近 *C* 点的流变变形 ε_k，则流变曲线 I 对应的 t_1 接近高应力水平大变形锚索破坏时间；流变曲线 II 对应的 t_2 为工程常用锚索流变破坏时间，显然 $t_1<t_2$。

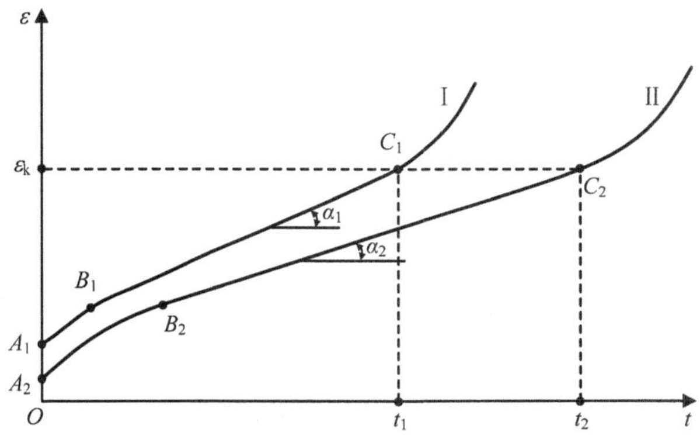

α_1——曲线Ⅰ第二流变阶段应变速率；α_2——曲线Ⅱ第二流变阶段应变速率。

图 7-4　锚索钢绞线试验流变曲线

7.6　杆体为螺纹钢筋锚杆的应力松弛

杆体为螺纹钢筋的锚杆一般为全长锚固锚杆。锚杆由两部分组成，滑动面上面（外侧）部分称为张拉段，滑动面下面（内侧）部分称为锚固段。锚杆服务后期张拉段杆体受拉（只有轴向拉应力）。在流变状态下张拉段锚杆杆体松弛，拉应力会降低，有利于锚杆受力，使其远离破坏。

本章小结

本章首先引用 Matwell 模型描述钢绞线的应力松弛，得出应力将衰减到初始弹性应力的 1/e，即松弛后应力损失 67%。从应力松弛角度考虑问题，安全系数只能取 k=e(取 e=2.7)，这样工程造价太大。客观上钢绞线并不完全符合 Maxwell 模型特性，因此有必要进一步研究钢绞线的松弛。

引用流动理论建立流动方程来描述钢绞线的应力松弛。一般认为锚索在服务过程中弹性变形逐渐为流变变形所代替，所以钢绞线中的应力将降低。这一立论在理论上是通得过的，也与事实相符合，所求描述钢绞线松弛流变方程为$\xi_c = B(t)\sigma^m$。当$B(t)$为常量，且 m=1 时，即得到 Maxwell 方程。可见用流动理论得出的流变方程是 Maxwell 方程的普遍形式。

研究表明，在流变条件下钢绞线的强度往往不取决于材料的屈服极限或强度极限，而是由在给定的工作期限和温度下导致破坏的应力，即由长期强度极限所决定。

本章建立韧性破坏时间方程时略去弹性变形（因很小）并假设钢绞线体积不可压缩。最后用求得的式（7-17）计算锚索钢绞线韧性破坏时间在工程中应用非常方便，只要在室内流变试验求得 B 就能计算锚索钢绞线韧性流变破坏时间。

本章在建立脆性破坏时间方程时，用ψ表示钢绞线截面的完整度。锚索张拉时刻钢绞线没有受损时$\psi=1$，钢绞线发生脆性破坏时$\psi=0$。这个论点概念清楚，与事实相符。

本章提出应力松弛对杆体为螺纹钢筋的锚杆有利，可降低杆体拉应力。这一论点在国内属首次提出。杆体为螺纹钢筋的锚杆属全长锚固锚杆。锚杆服务后期张拉段（滑动面上面杆体）受拉，经过应力松弛使拉应力降低，有利于锚杆受力，使锚杆远离破坏。

本章给出的钢绞线流变试验曲线应力松弛量约为 9%，松弛时间约为 180d。这一结果与三峡永久船闸锚索观测结果接近。锚固在坚硬岩体中的锚索，孔口处锚头下面的地基几乎没有变形和下沉，这方面的应力损失可以不计。

200 多年前音乐界就注意到金属弦的松弛现象，规定弦乐器在演奏前须“定调”消除松弛对音调的影响。受此启发，作者建议锚索设计时应增加补张拉应力，以便恢复设计预应力。

本章给出的$\varepsilon_c=\frac{\sigma_0}{E}$在工程中很有价值。根据$\varepsilon_c$可在室内测得的钢绞线流变曲线横坐标上截取时间 t 即为要求的锚索补张拉时间。

线性流变条件下，本章给出钢绞线受拉韧性破坏时间的计算公式：$t_1=\frac{1}{B\sigma_0}$，只要在室内测得流变曲线第二阶段流变速率 B，就可以求出钢绞线受拉韧性破坏时间。

参考文献

傅作新，1985．工程徐变力学[M]．北京：水利电力出版社．

李端友，汤平，李亦明，2000．三峡永久船闸一期工程岩锚预应力监测[J]．长江科学院院报（1）：39-42．

王新杰，张晋勋，2013．2013 海峡两岸地工技术/岩土工程交流研讨会论文集[M]．北京：知识产权出版社．

H.X.阿鲁久涅杨，1961．蠕变理论中的若干问题（中译本）[M]．邬瑞锋，等译．北京：科学出版社．

Pomeroy C D, 1978. Creep of engineering materials[M]. London: Mechanical Engineering Pub.

第 8 章 修建浅埋地下工程锚索的应用

30 年前笔者参与一项浅挖地下工程。该工程是马鞍山钢铁公司二期建设中的一条排水隧道，长 500m，宽 3.5m，高 3.8m，顶板距地表 5～7m。隧道一侧是山坡，另一侧是主厂房。该隧道穿过厂区主干道，穿过热水水沟。穿过主干道及热水水沟地段不能明挖，有山坡地段、有厂房地段明挖，护壁工程造价太大。这样，开挖隧道只有暗挖一种方案可选。在当时，浅埋开挖只有王梦恕院士提出的管棚超前支护设计方案。管棚对控制顶板变形能力非常有限，主干道经常走重车，热水沟漏水会伤人。管棚超前支护仅仅是一种施工措施，没有计算力学模型，没有允许变形量，也没有给出一次允许开挖长度。

在上述工程背景下，笔者研发出锚索用于超前支护顶板并构筑“施工单元”概念。这是本书有进展性的部分内容。

根据笔者直觉观察，若在公园绿地或广场下面修建停车场、购物中心，人们假日携家人去公园游玩时方便停车，休闲、购物一体化，将给游人带来极大的便利。

基于此，本章提出浅埋地下建筑物修建课题。

在浅埋地下建筑物的结构设计中，顶板、底板和侧墙的受力计算是关键环节。由于这些结构通常处于复杂的受力环境，传统的材料力学中梁的解答已不完全适用。本章计算的理论基础是弹性力学薄板弯曲，给出四边简支矩形薄板的重三角级数解答。

本章提出的施工单元力学模型依据内力分布及四边简支矩形薄板，特别是对四边简支矩形薄板，可以利用维纳解求解其在均布荷载下的内力分布，目的是用于指导顶、底板的设计与施工。

8.1　平面弹性问题基本理论

1. 弹性力学的基本假定

弹性力学的基本假定：连续性、完全弹性；均匀性、各向同性；假定位移和形变是微小的。

这样，弹性力学里的几何方程和平衡微分方程都可简化为线性方程。在上述假定下，弹性力学问题转换为线性问题，从而可以应用叠加原理。

2. 平面应变问题的基本方程

（1）平衡方程见式（1-3）。

（2）几何方程见式（1-4）。

（3）物理方程见式（1-6）。

3. 边界条件

边界条件表示在边界上位移与约束，或应力与面力之间的关系。

4. 圣维南原理

圣维南原理，即力作用局部性原理。圣维南原理表述如下：如果把物体的一小部分边界上的面力变换为分布不同但静力等效的面力（主矢量相同，对于同一点的主矩也相同），那么近处的应力分布将有显著的改变，远处所受的影响则可以不计。

8.2 简支梁受均布荷载解答

简支梁受均布荷载作用解答习惯采用材料力学给出的结果，但这是近似的，对于深梁误差较大，不适用。

这是因为材料力学中应用了平面截面假设简化了几何关系；材料力学中考虑的是有限大部分物体（高 h×长 l×宽 b）的平衡条件，而不是微分体的平衡条件，因而也是近似的；材料力学中忽略了 σ_y 的影响，并且在主要边界上也没有严格考虑应力边界条件，这些都使材料力学的解答成为近似的解答。

本节给出的弹性力学的解法，是严格考虑区域内的平衡微分方程、几何方程和物理方程，以及边界上的边界条件而求解的，因而得出的解答较精确。本节给出的简支梁解答为 8.3 节分析空间薄板问题打下基础。

设有矩形截面的简支梁，深度为 h，长度为 $2l$，体力可以不计，受均布荷载 q，由两端的反力 ql 维持平衡，如图 8-1 所示。

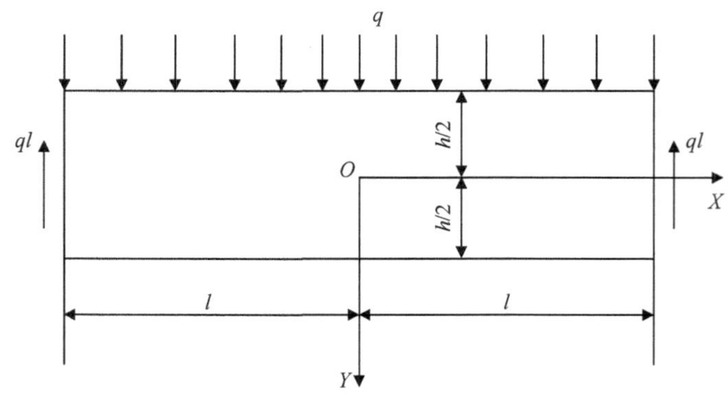

图 8-1　受均布荷载的简支梁

取单位宽度的梁来分析，用逆解法求解步骤如下。

1. 假设应力分量的函数形式

由于弯应力σ_x主要是由弯矩引起的，切应力τ_{xy}主要是剪力引起的，挤压应力σ_y主要是由直接荷载q引起的，由于q不随x而变，可以假设σ_y只是y的函数：

$$\sigma_y = f(y)$$

2. 推导应力函数的形式

由弹性力学可知，平面问题的应力函数可用艾里（Airy）应力函数ϕ表示，因而有

$$\frac{\partial^2 \phi}{\partial x^2} = f(y)$$

对x积分，得

$$\frac{\partial \phi}{\partial x} = xf(y) + f_1(y)$$

$$\phi = \frac{x^2}{2} f(y) + xf_1(y) + f_2(y) \tag{8-1}$$

式中　$f(y)$、$f_1(y)$和$f_2(y)$都是待定y的函数。

3. 由相容方程求解应力函数

为了使应力函数满足相容方程，将相容方程代入式（8-1），解得

$$\phi = \frac{x^2}{2}\left(Ay^3 + By^2 + cy + D\right) + x\left(Ey^3 + Fy^2 + Gy\right) - \frac{A}{10}y^5 - \frac{B}{6}y^4 + Hy^3 + ky^2 \tag{8-2}$$

4. 由应力函数求应力分量

将式（8-2）代入平衡方程得应力分量

$$\sigma_x=\frac{x^2}{2}(6Ay+2B)+x(6Ey+2F)-2Ay^3-2By^2+6Hy+2k \quad (8\text{-}3)$$

$$\sigma_y=Ay^3+By^2+cy+D \quad (8\text{-}4)$$

$$\tau_{xy}=-x(3Ay^2+2By+c)-(3Ey^2+2Fy+G) \quad (8\text{-}5)$$

式中 $A,B,\cdots,k$——待定的常数，如果能够适当选择 $A,B,\cdots,k$，使所有的边界条件都被满足，则以下应力分量计算式成立。

根据对称性可知，σ_x 和 σ_y 是 x 的偶函数，而 τ_{xy} 是 x 的奇函数，则由式（8-3）、式（8-5）可求得 $E=F=G=0$。

5. 考查边界条件

通常，梁的跨度远大于梁的深度，梁的上下两个边界占全部边界的绝大部分，因而上下两个边界是主要的边界。求解时在主要边界上，应力边界条件必须完全得到满足，次要边界条件可以引用圣维南原理使其得到近似满足。

根据这个理由，先考虑上下两个边界的主要边界条件：

$$(\sigma_y)_{y=\frac{h}{2}}=0,\ (\sigma_y)_{y=-\frac{h}{2}}=-q,\ (\tau_{xy})_{y=\pm\frac{h}{2}}=0$$

将应力分量式（8-4）和式（8-5）代入，解得

$$A=-\frac{2q}{h^3},\ B=0,\ C=\frac{3q}{2h},\ D=-\frac{q}{2}$$

将确定的常数代入式（8-3）～式（8-5）得

$$\sigma_x=-\frac{6q}{h^3}x^2y+\frac{4q}{h^3}y^3+6Hy+2k \quad (8\text{-}6)$$

$$\sigma_y=-\frac{2q}{h^3}y^3+\frac{3q}{2h}y-\frac{q}{2} \quad (8\text{-}7)$$

$$\tau_{xy}=\frac{6q}{h^3}xy^2-\frac{3q}{2h}x \quad (8\text{-}8)$$

现在考虑左右两个边界的次要边界条件。由于问题的对称性，只需考虑其中的一边，如右边。首先在梁的右边，没有水平面力，这就要求

当 $x=l$ 时，不论 y 取任何值 $\left(-\frac{h}{2}\leqslant y\leqslant\frac{h}{2}\right)$，都有 $\sigma_x=0$。由式（8-6）可知，这是不可能满足的，除非是 q、H、k 均等于零。因此，用多项式求解，只能要求 σ_x 在这部分边界上合成的主矢量和主矩均为零，也就是要求

$$\int_{-\frac{h}{2}}^{\frac{h}{2}}\left(\sigma_x\right)_{x=l}\mathrm{d}y=0 \tag{8-9}$$

$$\int_{-\frac{h}{2}}^{\frac{h}{2}}\left(\sigma_y\right)_{x=l}y\mathrm{d}y=0 \tag{8-10}$$

将式（8-6）代入式（8-9），得

$$\int_{-\frac{h}{2}}^{\frac{h}{2}}\left(-\frac{6ql^2}{h^3}y+\frac{4q}{h^3}y^3+6Hy+2k\right)\mathrm{d}y=0$$

积分后得

$$k=0$$

将式（8-6）代入式（8-10），并命 $k=0$，得

$$\int_{-\frac{h}{2}}^{\frac{h}{2}}\left(-\frac{6ql^2}{h^3}y+\frac{4q}{h^3}y^3+6Hy\right)y\mathrm{d}y=0$$

积分后得

$$H=\frac{ql^2}{h^3}-\frac{q}{10h}$$

将 H 和 k 的已知值代入式（8-6），得

$$\sigma_x=-\frac{6q}{h^3}x^2y+\frac{4q}{h^3}y^3+\frac{6ql^2}{h^2}y-\frac{3q}{5h}y \tag{8-11}$$

在梁右边的切应力 τ_{xy} 应当合成为反力 ql：

$$\int_{-\frac{h}{2}}^{\frac{h}{2}}\left(\tau_{xy}\right)_{x=l}\mathrm{d}y=-ql \tag{8-12}$$

将式（8-8）代入式（8-12），则有

$$\int_{-\frac{h}{2}}^{\frac{h}{2}}\left(\frac{6ql}{h^3}y^2-\frac{3ql}{2h}\right)\mathrm{d}y=-ql$$

积分后，可见满足式（8-9）、式（8-10）的条件。

将式（8-11）、式（8-7）、式（8-8）整理，得应力分量的最后解答：

$$\begin{cases}\sigma_x=\dfrac{6q}{h^3}\left(l^2-x^2\right)y+q\dfrac{y}{h}\left(4\dfrac{y^3}{h^2}-\dfrac{3}{5}\right)\\ \sigma_y=-\dfrac{q}{2}\left(1+\dfrac{y}{h}\right)\left(1-\dfrac{2y}{h}\right)^2\\ \tau_{xy}=-\dfrac{6q}{h^3}\left(\dfrac{h^2}{4}-y^2\right)\end{cases} \tag{8-13}$$

各应力分量沿垂直方向的变化大致如图 8-2 所示。

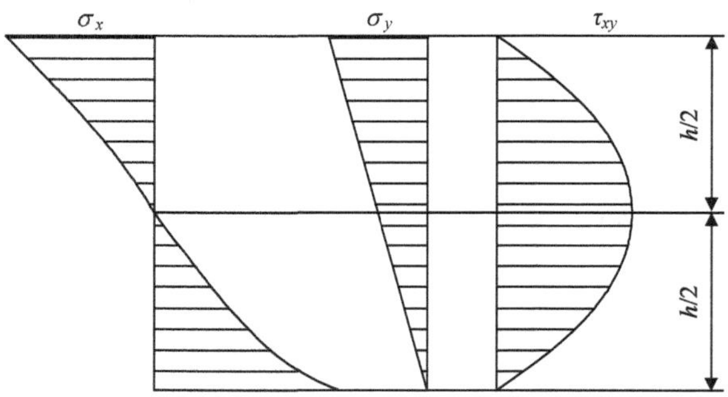

图 8-2　简支梁受均布荷载作用应力分量沿垂直方向分布

由于梁的截面宽度取一个单位$(b=1)$，则惯性矩$I=\dfrac{h^3}{12}$，静矩$S=\dfrac{h^2}{8}-\dfrac{y^2}{2}$，而梁的任一横截面上的弯矩和剪力分别为

$$M=ql(l-x)-\frac{q}{2}(l-x)^2=\frac{q}{2}\left(l^2-x^2\right)$$

$$F_S=-ql+q(l-x)=-qx$$

于是式（8-13）可以写成

$$
\begin{cases}
\sigma_x = \dfrac{M}{I}y + q\dfrac{y}{h}\left(4\dfrac{y^2}{h^2} - \dfrac{3}{5}\right) \\
\sigma_y = -\dfrac{q}{2}\left(1+\dfrac{y}{h}\right)\left(1-\dfrac{2y}{h}\right)^2 \\
\tau_{xy} = \dfrac{F_s S}{bI}
\end{cases}
\tag{8-14}
$$

由式（8-13）可以看出，梁的弯曲应力 σ_x 是主要应力，剪应力 τ_{xy} 是次要应力，挤压应力 σ_y 是更次要应力。因此梁的设计首先着重增大梁的抗弯曲应力 σ_x 的能力（参数）。

比较梁的弹性力学解答与材料力学解答可以发现，弹性力学弯曲应力 σ_x 表达式中多了一项 $q\dfrac{y}{h}\left(4\dfrac{y^2}{h^2}-\dfrac{3}{5}\right)$，称为修正项。对于通常的浅梁 $(h \ll l)$，修正项很小，可以不计。

计算表明，当梁的跨度四倍于深度 $(l=4h)$ 时，修正量为 1/60；当梁的跨度两倍于深度 $(l=2h)$ 时，修正量为 1/15；一般情况 $l \approx h$，或 $h>l$，属于深梁。弯曲应力 σ_x 修正值可达 1/10。

应力分量 σ_y 是挤压应力材料力学没有考虑挤压应力，σ_y 的最大绝对值为 q，发生在梁顶。

切应力 τ_{xy} 的表达式，弹性力学与材料力学完全一样。

8.3　薄板弯曲

1. 有关概念及计算假定

如果板的厚度 δ 远小于中面的最小尺寸 b，则这个板称为薄板，否则称为厚板。

对于薄板的弯曲问题，引用一些计算假定建立一套完整的理论，可以用来计算工程上的问题。

薄板所受的荷载，总可以分成一个是平行于中面的，称为纵向荷载；另一个是垂直于中面的，称为横向荷载。对于纵向荷载，可以认为它们沿薄板厚度均匀分布，因而它们所引起的应力、形变和位移，可以按平面应力问题进行计算。横向荷载将使薄板弯曲，它们所引起的应力、形变和位移，可以按薄板弯曲问题进行计算。

当薄板弯曲时，中面所弯成的曲面，称为薄板弹性曲面，中面内各点在垂直于中面方向的位移，称为挠度。

薄板弯曲问题属于空间问题。本节只讨论具有相当弯曲刚度薄板的小挠度问题（挠度远小于板厚，因此位移和形变是微小的）。为了建立薄板的小挠度弯曲理论，除了引用弹性力学的 5 个基本假定外，又补充了 3 个已被试验证实是合理的计算假定，用来简化空间问题的基本方程。本节讨论的薄板如图 8-3 所示。

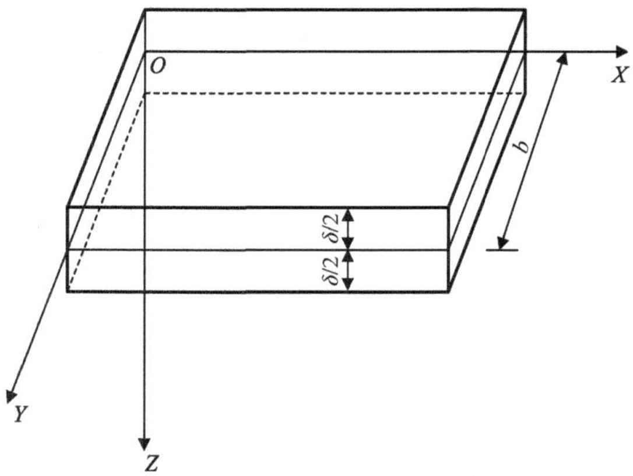

图 8-3　弹性薄板

计算假定如下：

（1）垂直于中面方向的线应变，即ε_z，可以不计。

取$\varepsilon_z=0$，则 $w=w$（x、y），这就是说，横向位移 w 只是 x、y 的函数，不随 z 而变。因此，在中面的任一条法线上，各点都具有相同的横向位移，也就等于挠度。

（2）应力分量τ_{xz}、τ_{yz}和σ_z远小于其余的 3 个应力分量，因而是次要的，它们引起的变形不计$\left(\gamma_{zx}=\gamma_{zy}=\varepsilon_z=0\right)$。由此可见，弯应力$\sigma_x$、$\sigma_y$和扭应力$\tau_{xy}$为主要应力，横向的切应力$\tau_{xz}$、$\tau_{yz}$为次要应力，挤压应力$\sigma_z$为更次要应力。

由于$\varepsilon_z=0$、$\gamma_{zx}=0$、$\gamma_{yz}=0$，可见中面的法线在薄板弯曲时保持不伸缩，并且成为弹性曲面的法线。

由于不计σ_z引起的变形，因此薄板的物理方程为

$$\begin{cases}\varepsilon_x=\dfrac{1}{E}\left(\sigma_x-\mu\sigma_y\right)\\ \varepsilon_y=\dfrac{1}{E}\left(\sigma_y-\mu\sigma_x\right)\\ \gamma_{xy}=\dfrac{2\left(1+\mu\right)}{E}\tau_{xy}\end{cases} \tag{8-15}$$

（3）薄板中面内的各点都没有平行于中面的位移，即

$$\left(u\right)_{z=0}=0,\ \left(v\right)_{z=0}=0 \tag{8-16}$$

由式（8-16）可得中面内的形变分量均为零，即

$$\left(\varepsilon_x\right)_{z=0}=0,\ \left(\varepsilon_y\right)_{z=0}=0,\ \left(\gamma_{xy}\right)_{z=0}=0$$

这就是说，中面的任意一部分，虽然弯曲成为弹性曲面的一部分，但是它在 XY 面上的投影形状保持不变。

2. 弹性曲面的微分方程的小挠度弯曲问题

（1）满板的小挠度弯曲问题是按位移求解的，只取挠度 $w=w(x$、$y)$作

为基本未知函数。

弹性力学按位移求解，只取挠度 $w=w(x、y)$作为基本未知函数。

根据空间问题的基本方程和边界条件以及上述 3 个计算假定求解如下：

将纵向位移 u、v 和主要应变 ε_x、ε_y、γ_{xy} 用挠度 w 表示，可求得应力分量表达式为

$$\begin{cases}\sigma_x=-\dfrac{Ez}{1-\mu^2}\left(\dfrac{\partial^2 w}{\partial x^2}+\mu\dfrac{\partial^2 w}{\partial y^2}\right)\\ \sigma_y=-\dfrac{Ez}{1-\mu^2}\left(\dfrac{\partial^2 w}{\partial y^2}+\mu\dfrac{\partial^2 w}{\partial x^2}\right)\\ \tau_{xy}=-\dfrac{Ez}{1+\mu}\dfrac{\partial^2 w}{\partial x\partial y}\end{cases} \tag{8-17}$$

这是薄板小挠度弯曲时，主要应力 σ_x、σ_y、τ_{xy} 与挠度 w 的关系式。可见它们沿板的厚度也呈线性分布，其在中面上为零，在上、下板面处达到极值。

（2）将次要应力分量 τ_{xz}、τ_{yz} 用 w 表示为

$$\frac{\partial\tau_{zx}}{\partial z}=\frac{Ez}{1-\mu^2}\frac{\partial w}{\partial x}\nabla^2 w$$

$$\frac{\partial\tau_{zy}}{\partial z}=\frac{Ez}{1-\mu^2}\frac{\partial w}{\partial y}\nabla^2 w$$

式中

$$\nabla^2=\frac{\partial^2}{\partial x^2}+\frac{\partial^2}{\partial y^2}$$

将上两式对 z 积分，并利用薄板的上、下板面的边界条件

$$(\tau_{zx})_{z=\pm\frac{\delta}{2}}=0,\quad (\tau_{zy})_{z=\pm\frac{\delta}{2}}=0$$

求得τ_{xz}、τ_{zy}表达式为

$$\begin{cases}\tau_{zx}=\dfrac{E}{2(1-\mu^2)}\left(z^2-\dfrac{\delta^2}{4}\right)\dfrac{\partial}{\partial x}\nabla^2 w\\[2ex]\tau_{zy}=\dfrac{E}{2(1-\mu^2)}\left(z^2-\dfrac{\delta^2}{4}\right)\dfrac{\partial}{\partial x}\nabla^2 w\end{cases}\tag{8-18}$$

（3）求更次要应力分量σ_z的表达式。应用平衡微分方程并取体力分量$f_z=0$，经过运算得

$$\sigma_z=-\frac{E\delta^3}{6(1-\mu^2)}\left(\frac{1}{2}-\frac{z}{\delta}\right)^2\left(1+\frac{z}{\delta}\right)\nabla^4 w\tag{8-19}$$

（4）求 w 的微分方程。薄板的上板面的边界条件为

$$(\sigma_z)_{z=-\frac{\delta}{2}}=-q\tag{8-20}$$

式中　q——薄板每单位面积内的横向荷载，包括横向面力及横向体力。

将式（8-19）代入式（8-20）即得

$$\frac{E\delta^3}{12(1-\mu^2)}\nabla^4 w=q\tag{8-21}$$

或

$$D\nabla^4 w=q\tag{8-22}$$

其中

$$D=\frac{E\delta^3}{12(1-\mu^2)}\tag{8-23}$$

式（8-23）称为薄板的弯曲刚度，它的量纲是L^2MT^{-2}。式（8-22）称为薄板的弹性曲面微分方程，或挠曲微分方程。

由挠曲微分方程式(8-22)，并结合板的边界条件，可以求出挠度 w，

然后可按式（8-18）～式（8-20）求得应力分量如下：

$$\begin{cases} M_x=-D\left(\dfrac{\partial^2 w}{\partial x^2}+\mu\dfrac{\partial^2 w}{\partial y^2}\right) \\ M_y=-D\left(\dfrac{\partial^2 w}{\partial y^2}+\mu\dfrac{\partial^2 w}{\partial x^2}\right) \\ M_{xy}=M_{yx}=-D(1-\mu)\dfrac{\partial^2 w}{\partial x\partial y} \\ F_{sx}=-D\dfrac{\partial}{\partial_x}\nabla^2 w \\ F_{sy}=-D\dfrac{\partial}{\partial_y}\nabla^2 w \end{cases} \tag{8-24}$$

以上弯矩M_x、M_y和扭矩M_{xy}、M_{yx}及横向剪力F_{sx}、F_{sy}共 6 个量统称为薄板的内力。

经过变换之后，可以得出各应力分量与弯矩、扭矩、横向剪力或荷载之间的关系如下：

$$\begin{cases} \sigma_x=\dfrac{12M_x}{\delta^3}z，\ \sigma_y=\dfrac{12M_y}{\delta^3}z \\ \tau_{xy}=\tau_{yx}=\dfrac{12M_{xy}}{\delta^3}z \\ \tau_{xz}=\dfrac{6F_{sx}}{\delta^3}\left(\dfrac{\delta^2}{4}-z^2\right) \\ \tau_{yz}=\dfrac{6F_{sy}}{\delta^3}\left(\dfrac{\delta^2}{4}-z^2\right) \\ \sigma_z=-2q\left(\dfrac{1}{2}-\dfrac{z}{\delta}\right)^2\left(1+\dfrac{z}{\delta}\right) \end{cases} \tag{8-25}$$

由式（8-25）可以看出：应力分量σ_z、σ_y、τ_{xy}的最大值发生在板

面，τ_{xz}、τ_{yz} 的最大值发生在中面，而 σ_z 的最大值发生在板的上面。

各个分量的最大值如下：

$$(\sigma_x)_{z=\frac{\delta}{2}}=\frac{6M_x}{\delta^2},(\sigma_y)_{z=\frac{\delta}{2}}=\frac{6M_y}{\delta^2},(\tau_{xy})_{z=\frac{\delta}{2}}=\frac{6M_{xy}}{\delta^2},(\tau_{xz})_{z=0}=\frac{3F_{sx}}{2\delta},(\tau_{yz})_{z=0}=\frac{3F_{sy}}{2\delta},(\sigma_z)_{z=-\frac{\delta}{2}}=-9$$

这里要说明的是以上所提到的内力，都是作用在薄板每单位宽度上的内力，所以弯矩和扭矩的量纲都是 $\mathrm{LMT^{-2}}$，而不是 $\mathrm{L^2MT^{-2}}$，横向剪力的量纲是 $\mathrm{MT^{-2}}$，而不是 $\mathrm{LMT^{-2}}$。

正应力 σ_x 及 σ_y 分别与弯矩 M_x 及 M_y 成正比，称为弯应力；切应力 τ_{xy} 与扭矩 M_{xy} 成正比，称为扭应力；切应力 τ_{xz} 及 τ_{yz} 分别与横向剪力 F_{sx} 及 F_{sy} 成正比，称为横向切应力；正应力 σ_z 与荷载 q 成正比，称挤压应力。

分析表达式（8-25）可以看出，在薄板弯曲问题中，弯应力和扭应力在数值上最大，称为主要应力；横向切应力在数值上较小，是次要应力；挤压应力在数值上更小，是更次要的应力。因此，在计算薄板的内力时，主要是计算弯矩和扭矩，横向剪应力一般无须计算。

据此，地面下建筑物的钢筋混凝土顶板和底板按照双向的弯矩进行双向配置钢筋，而并不考虑扭矩的作用。

8.4　四边简支矩形薄板的纳维解答

1. 纳维（Navier,C,-L,-M,-H）解答

图 8-4 所示为一四边简支的矩形薄板，边长分别为 a 和 b，受任意分布荷载 $q(x, y)$ 作用。

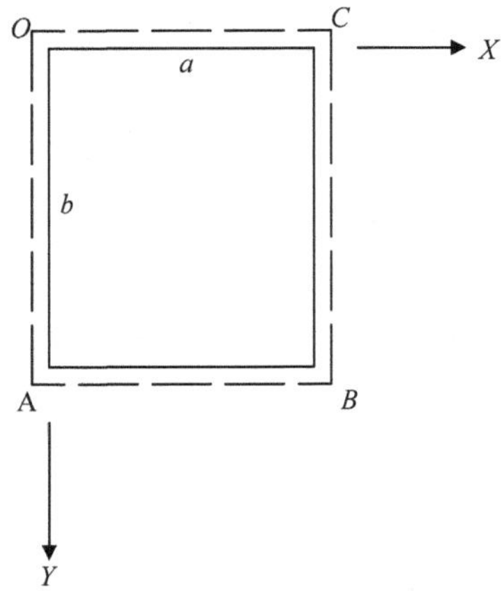

图 8-4　四边简支的矩形薄板

边界条件为

$$\begin{cases} (w)_{x=0}=0, & \left(\dfrac{\partial^2 w}{\partial x^2}\right)_{x=0}=0 \\ (w)_{x=a}=0, & \left(\dfrac{\partial^2 w}{\partial x^2}\right)_{x=a}=0 \\ (w)_{y=0}=0, & \left(\dfrac{\partial^2 w}{\partial y^2}\right)_{y=0}=0 \\ (w)_{y=b}=0, & \left(\dfrac{\partial^2 w}{\partial y^2}\right)_{y=b}=0 \end{cases} \tag{8-26}$$

纳维把挠度 w 的表达式取为如下重三角级数，并求得重三角级数解：

$$w=\sum_{m=1}^{\infty}\sum_{n=1}^{\infty}A_{mn}\sin\frac{m\pi x}{a}\sin\frac{n\pi y}{b} \tag{8-27}$$

式中，m 和 n 是正整数，代入式（8-26），可见全部边界条件都能满足。

经过变换求得系数 A_{mn}：

$$A_{mn}=\frac{4\int_0^a\int_0^b q\sin\frac{m\pi x}{a}\sin\frac{n\pi y}{b}\mathrm{d}x\mathrm{d}y}{\pi^4 abD\left(\frac{m^2}{a^2}+\frac{n^2}{b^2}\right)^2} \tag{8-28}$$

式中　q——薄板所受荷载；

D——薄板弯曲刚度，$D=\frac{E\delta^3}{12(1-\mu^2)}$。

对式（8-28）中的分子进行积分，求出 A_{mn}，当薄板受均布荷载时，q 成为常数 q_0，可求得

$$A_{mn}=\frac{16q_0}{\pi^6 D_{mn}\left(\frac{m^2}{a^2}+\frac{n^2}{b^2}\right)^2}\quad (m=1,3,5\cdots;\ n=1,3,5\cdots) \tag{8-29}$$

代入式（8-27），得挠度的表达式

$$w=\frac{16q_0}{\pi^6 D}\sum_{m=1,3,5\cdots}^{\infty}\sum_{n=1,3,5\cdots}^{\infty}\frac{\sin\frac{m\pi x}{a}\sin\frac{n\pi y}{b}}{mn\left(\frac{m^2}{a^2}+\frac{n^2}{b^2}\right)^2} \tag{8-30}$$

再应用式（8-24）便可求得内力。

2. 应用举例

设边长分别为 a 和 b 的四边简支矩形薄板，全板上受均布荷载 q_0 作用。现求板的挠度、弯矩和扭矩。

解：首先求解 A_{mn} 和 w，最大挠度发生在板的中心，即 $x=\frac{a}{2}$，$y=\frac{b}{2}$ 处，则有

$$w_{\max}=\frac{16q_0}{\pi^6 D}\sum_{m=1,3,5\cdots}^{\infty}\sum_{n=1,3,5\cdots}^{\infty}\frac{(-1)\frac{m+n}{2}-1}{mn\left(\frac{m^2}{a^2}+\frac{n^2}{b^2}\right)^2}$$

这个级数收敛很快，如对于正方形板，只取级数的第一项，即 $m=n=1$，有

$$w_{\max}=0.00416q_0\frac{a^4}{D}$$

如果取级数的前 4 项，即 $m=1$，$n=1,3$，$m=3$，$n=1,3$，如果精确到 3 位有效数，则有

$$w_{\max}=0.00406q_0\frac{a^4}{D}$$

将最大挠度 $w_{\max}$ 代入式（8-24）可求得弯矩和扭矩分别为

$$\begin{cases} M_x=\dfrac{16q_0}{\pi^4}\displaystyle\sum_{m=1,3,5\cdots}^{\infty}\sum_{n=1,3,5\cdots}^{\infty}\dfrac{\dfrac{m^2}{a^2}+\mu\dfrac{n^2}{b^2}}{mn\left(\dfrac{m^2}{a^2}+\dfrac{n^2}{b^2}\right)^2}\sin\dfrac{m\pi x}{a}\sin\dfrac{n\pi y}{b} \\ M_y=\dfrac{16q_0}{\pi^4}\displaystyle\sum_{m=1,3,5\cdots}^{\infty}\sum_{n=1,3,5\cdots}^{\infty}\dfrac{\mu\dfrac{m^2}{a^2}+\dfrac{n^2}{b^2}}{mn\left(\dfrac{m^2}{a^2}+\dfrac{n^2}{b^2}\right)^2}\sin\dfrac{m\pi x}{a}\sin\dfrac{n\pi y}{b} \\ M_{xy}=\dfrac{16(1-\mu)\ q_0}{\pi^4 ab}\displaystyle\sum_{m=1,3,5\cdots}^{\infty}\sum_{n=1,3,5\cdots}^{\infty}\dfrac{\cos\dfrac{m\pi x}{a}\cos\dfrac{n\pi y}{b}}{\left(\dfrac{m^2}{a^2}+\dfrac{n^2}{b^2}\right)^2} \end{cases}$$

可见，在板的中心，弯矩 M_x 和 M_y 最大，而 M_{xy} 为零；在板边，M_x 和 M_x 为零，而 M_{xy} 最大。

薄板弯曲问题属于空间问题，弹性力学建立的薄板小挠度弯曲理论是空间问题的经典内容之一。

分析表明，薄板弯曲问题中，弯应力和扭应力值最大。因此，在计算薄板的内力时，主要是计算弯矩和扭矩，横向剪力一般无须计算。

由此得到启发：钢筋混凝土顶板、底板结构设计时主要按照双向弯

矩配置双向钢筋，不必考虑扭矩的作用。

由挠度方程求出薄板的内力可以看出，应力分量σ_x、σ_y、τ_{xy}的最大值发生在板面；τ_{xz}及τ_{yz}的最大值发生在板的中面；σ_z的最大值发生在板的上面。

由此得到启发：设计时应根据内力分布规律设计顶板、底板的结构。

从给出的四边简支受均布荷载作用的薄板算例可以看出，在板的中心，弯矩M_x和M_y最大，而M_{xy}为零；在板边，M_x和M_y为零，而M_{xy}最大。设计时应考虑顶板和侧墙连接处增强抗剪切能力（结构）。

另外一种控制（减少）最大挠度的方法是在施工单元中心位置构建支撑构造柱。支撑构造柱采用钢筋混凝土桩，可由地面一次性超前完成施工。

由此得到启发：顶板、底板进行支护设计时应采用组合结构，板中间部位必要时采用预应力锚索加固。

8.5 设计、施工要点

现将地表下建筑物修建设计、施工要点归纳如下：

（1）根据工程需要确定地表下建筑物空间宽度。由于顶板、底板采用钢筋混凝土薄板结构，宽度容易达到设计要求。

（2）空间宽度确定后，根据荷载配置钢筋及选择施工单元长度。通过实验和水准测量判定施工单元长度的合理性。

施工单元的力学模型采用四边简支矩形薄板。根据边界条件和所受荷载，应用纳维解答算出最大挠度$w_{\max\cdot算}$，依此与观测得到的最大挠度$w_{\max\cdot测}$进行比较。若$w_{\max\cdot测}<w_{\max\cdot算}$，说明设计的顶板满足工程要求。若$w_{\max\cdot测}>w_{\max\cdot算}$，则必须对板厚、混凝土强度、配筋进行调整，达到$w_{\max\cdot测}<w_{\max\cdot算}$为止。同时计算弯矩和扭矩。

（3）施工顺序如下：

① 平整地表，一次性完成地表下建筑物墙体主体施工。墙体主体采用双排钢筋混凝土桩：桩间土采用深层搅拌法加固。墙体主体从结构上讲就是间柱、各层地下空间施工时采用对穿锚索加固间柱（增加围压）。

② 施工地下第一层建筑物的顶板。要求顶板配筋与墙体主体（桩）配筋连接。必要时顶板在长度方向留温度伸缩缝并进行结构完善。之后进行顶板防水处理。

③ 顶板施工完成后对地下周边进行封水处理，并进行检测，达到设计要求为止。

④ 地下挖土施工。地下挖出的土，首先用于覆盖第一层地下空间的顶板，厚度为 1.5m。第一层地下空间盖土作用有 3 点：绿化；保持“恒温”；作为地下各层顶板设计荷载的依据。以下各层顶板厚度、强度、配筋按此原则进行设计。

⑤ 支护结构。顶板：通过超前锚索将顶板支护的钢梁与钢筋混凝土板组合在一起。墙体主体：通过对穿锚索将支护的钢柱与墙体主体组合在一起。最后采用钢筋网与喷射混凝土对地下空间进行整体加固。

本章小结

本意首先介绍了弹性平面问题简支梁的解答，目的是说明材料力学梁的解答不适合深梁。深部水平煤层开采、地面浅埋隧道上覆土体或岩体厚度与开挖宽度之比接近 1，属于“深梁”。

弹性力学解答弯应力 σ_x 的表达式中增加了一个修正项。计算表明，当梁的跨度两倍于深度 $(l=2h)$ 时，修正量为 1/15；当 $l<2h$ 时，修正量更大。原因在于弹性力学求解时严格考虑区域内的平衡方程、几何方程和物理方程，以及边界上的边界条件。材料力学求解时，没有考虑上

述条件，因而得出的解答是近似的。必须指出，对于次要应力可以不计它们引起的变形，但力的存在不能不计。因为它们是平衡力系的一部分，求解过程可以应用圣维南原理进行处理。

本章着重介绍了薄板的弯曲。因为地表下建筑物修建核心问题是顶板的稳定。为了使工程上采用的薄板顶板科学可靠，设计计算时，必须在严谨的理论指导下进行。

薄板弯曲属于空间问题，本章详细介绍了这方面的成就，得到顶板设计思路如下：

① 根据薄板的弹性曲面微分方程并结合边界条件求出挠度 w，进而求出内力分布。

② 根据薄板内力分布规律设计板厚、混凝土强度及钢筋配置。

③ 根据挠度分布特点，顶板采用超前支护锚索将钢筋混凝土顶板与支护的钢梁结构组合在一起，增加顶板的刚度。

建筑物墙体主体由双排钢筋混凝土桩和中间土构成。这种结构实际上就是间柱，采用对穿锚索对墙体进行加固。

本章提出“施工单元”建立施工单元力学模型，满足所有边界条件的解答，是完备的解答。

笔者根据多年观察发现，在公园绿地下建造一栋楼，地面可以玩、地下可以停车、购物。地下建楼属民用建筑，建造理念应服从民用建筑规章。地面民建结构设计和计算非常成熟，如只要给定结构模式，通过合理设计，计算出结点的内力和位移。但这些成果在地下建楼不能直接使用，可做参考或借鉴。

笔者根据自然哲理将问题归结为两个方面：一个是承重墙，另一个是顶、底板的结构和力学计算。各层的承重墙在空间上一个立面内，可用钢筋混凝土排桩作为结构主体，一次性由地面超前完成施工。由于上一层的底板是下一层的顶板，这样问题又简化为只有顶板的问题。笔者构造了适合跨度较大的施工单元的力学模型，提出采用薄板弯曲作为施工单元的力学模型。薄板弯曲是弹性力学空间问题的经典解答。它在求解时严格考虑区域内的平衡微分方程、几何方程和物理方程以及边界上的边界条件。因此采用薄板弯曲力学模型是科学的，给出的顶板设计思路工程上是可行的。

创造性思考起始于对困难的认识。推理在研究工作中的作用是证实、解释并发展提出的论断。

参 考 文 献

王启德，1966．应用弹性理论[M]．北京：机械工业出版社．

吴家龙，2001．弹性力学[M]．北京：高等教育出版社．

徐芝纶，1990．弹性力学[M]．3 版．北京：高等教育出版社．

徐芝纶，2002．弹性力学简明教程[M]．3 版．北京：高等教育出版社．

附录一
土钉与土锚的区别

有的学者将土锚置换为土钉，称“注浆钉”，这种说法值得商榷。

1. 土钉与土锚概念不同

远古人在生存过程中就形成了“钉”的概念。钉是击入物体中的杆件，中间没有第三种介质，如竹钉、铁钉、水泥钉、土钉等。

土钉利用挤压土体形成的摩阻力发挥作用。土锚通过钻孔、注浆、插杆，利用第三种介质——水泥黏结形成的黏结力发挥作用。

2. 土钉与土锚安装工艺不同

土钉是将杆件击入土体内，多用于软土。土锚则须钻孔、注浆、插杆，多用于硬土。

3. 土钉与土锚力学模型不同，孔口应力分布不同

（1）土钉直接击入土内，植入过程中挤土，可视为半无限土体中的小孔扩张问题，可用弹塑性理论求解应力和变形。单元体计算模型如附图 1-1 所示。做如下假设：

① 土体是均匀、各向同性的理想弹塑性材料；

② 体积不可压缩；

③ 土体符合摩尔-库仑强度准则；

④ 土钉植入前土体各向有效应力相等。

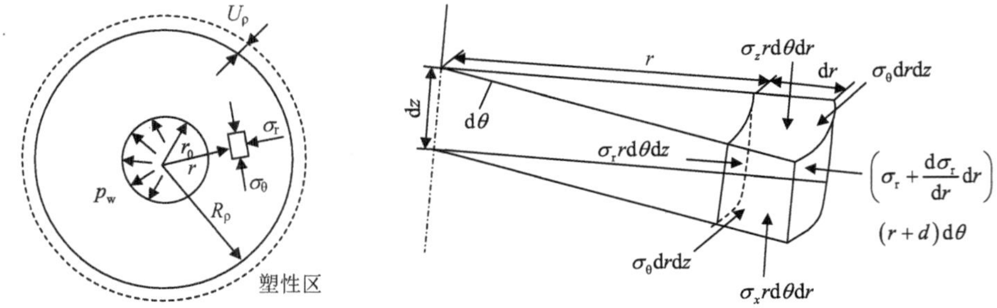

（a）小孔扩张课题　　（b）单元体应力状态

附图 1-1　单元体计算模型

基于上述假设，土体微单元的平衡微分方程为

$$\frac{\mathrm{d}\sigma_r}{\mathrm{d}r}+\frac{\sigma_r-\sigma_\theta}{r}=0 \tag{附 1-1}$$

土体屈服条件为

$$\sigma_r-\sigma_\theta=2C_u \tag{附 1-2}$$

由式（附 1-1）和式（附 1-2），根据相应的边界条件和协调方程求得塑性区半径和塑性区外边界位移分别为

$$R_\rho=r_0\sqrt{\frac{E}{2(1+\mu)\mu_0}} \tag{附 1-3}$$

$$U_\rho=-\frac{1+\mu}{E}C_u R_\rho \tag{附 1-4}$$

此时，塑性区附加经向应力 σ_r 和环向应力 σ_θ 为

$$\sigma_r=C_u\left[2/h\left(\frac{R_\rho}{r}\right)+1\right]=p_u-2C_u/h\left(\frac{r}{r_0}\right) \tag{附 1-5}$$

$$\sigma_\theta=C_u\left[2/h\left(\frac{R_\rho}{r}\right)-1\right]=p_u-2C_u\left[\ln\left(\frac{r}{r_0}\right)+1\right] \tag{附 1-6}$$

于是可得钉、土界面上的最大扩张应力（拉应力）为

$$p=C_u\left[\ln\left(\frac{E}{2(1+\mu)C_u}\right)+1\right] \quad （附 1-7）$$

式中　r_0——扩张孔（土钉）的半径；

R_ρ——塑性区半径；

r——离圆柱形扩张孔中心的距离；

C_u——钉周饱和土的不排水抗剪强度；

E——土体弹性模量；

μ——土体泊松比。

由上述分析得出以下结论：

① 塑性区半径取决于土体的弹性模量 E、不排水抗剪强度 C_u、泊松比 μ 和土钉的半径 r_0。

② 在孔口外及塑性区内径向应力 σ_r 为压应力，环向应力 σ_θ 为拉应力。

③ 挤土应力 σ_r、σ_θ 沿径向递减传递规律服从圣维南原理。

（2）土锚可归结为圆环或圆筒受均布压力作用。

这是一个轴对称问题，由弹性力学理论得轴对称应力的一般性解答为

$$\begin{cases}\sigma_\rho=\dfrac{A}{\rho^2}+B\left(1+\dfrac{2}{n\rho}\right)+2C\\ \sigma_\theta=-\dfrac{A}{\rho^2}+B\left(3+\dfrac{2}{n\rho}\right)+2C\\ \tau_{\rho\theta}=\tau_{\theta\rho}=0\end{cases} \quad （附 1-8）$$

式中　$\tau_{\rho\theta}$——剪应力；

ρ——径向坐标；

θ——环向坐标。

设有圆环或圆筒，内半径为 r，外半径为 R，受内压力 p_1 和外压力 p_2 作用，应用式（附 1-8）及内外应力边界条件、位移单值条件可求得圆筒受均布压力作用的拉梅问题如下：

$$
\begin{cases}
\sigma_\rho=\dfrac{\dfrac{R^2}{\rho^2}-1}{\dfrac{R^2}{r^2}-1}p_1-\dfrac{1-\dfrac{r^2}{\rho^2}}{\dfrac{r^2}{R^2}}p_2 \\
\sigma_\theta=\dfrac{\dfrac{R^2}{\rho^2}+1}{\dfrac{R^2}{r^2}-1}p_1-\dfrac{1+\dfrac{r^2}{\rho}}{1-\dfrac{r^2}{R^2}}p_2
\end{cases}
\tag{附 1-9}
$$

若只有外压力作用，则式（附 1-9）可简化为

$$
\begin{cases}
\sigma_\rho=\dfrac{1-\dfrac{r^2}{\rho^2}}{1-\dfrac{r^2}{R^2}}p_2 \\
\sigma_\theta=\dfrac{1+\dfrac{r^2}{\rho^2}}{1-\dfrac{r^2}{R^2}}p_2
\end{cases}
\tag{附 1-10}
$$

由上述分析结果可以看出：

① 当只受均布外力作用时，σ_ρ和σ_θ总是压应力。

② 在内边界上（孔口处）$\sigma_\rho=0$，σ_θ最大，$\sigma_\theta=2p_2$。

③ 从土钉和土锚受力分析可以看出，在孔口处两者受力截然不同，土钉孔口处σ_r最大为压应力，σ_θ最小为拉应力；土锚孔口处σ_r最小为零，σ_θ最大为压应力。

土钉与土锚概念不同，安装工艺不同，力学模型不同，在孔壁处应力分布不同，因此将土钉与土锚归为一体不妥。若置换名称应为钻孔、注浆、插杆钉。

附录二
材料长时间单向受拉条件下流变

1. 流变曲线

锚杆、锚索都属于长时间受拉的杆件，其流变曲线如附图 2-1 所示。

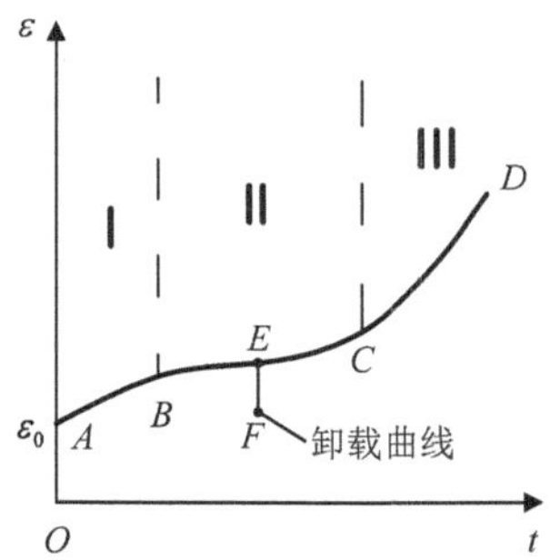

附图 2-1　金属杆件受拉流变曲线

图中，*OA* 为瞬时应变 ε_0。*AB* 为流变的第一阶段，即初始阶段。初始阶段流变速率由某一较大值逐渐减小，以后趋于常量，一般第一阶段历时较短。*BC* 为流变第二阶段。这个阶段流变速率最小且基本保持不变，第二阶段历时的长短决定于杆件受拉的应力水平，如果应力水平较低，则经历的时间会很长，如果应力接近材料的破坏极限，则第二阶段可能历时很短甚至消失，这时流变由第一阶段直接过渡到第三阶段。*C* 点以后称为流变的第三阶段。进入第三阶段后，流变速率逐渐增大，最

终可能在 C 点附近发生“脆性”断裂，或者在颈缩后于 D 点产生“韧性”破坏。

上述流变的 3 个阶段也称为过渡阶段、稳定阶段和破坏阶段，工程中主要分析第二阶段。

试验表明，钢筋、钢绞线拉应力大小将给流变曲线的形状带来很大的影响。附图 2-2 所示为在同一温度 T，但不同应力 $\sigma(\sigma_1<\sigma_2<\sigma_3<\sigma_4<\sigma_5)$ 作用下，钢筋、钢绞线的流变曲钱。

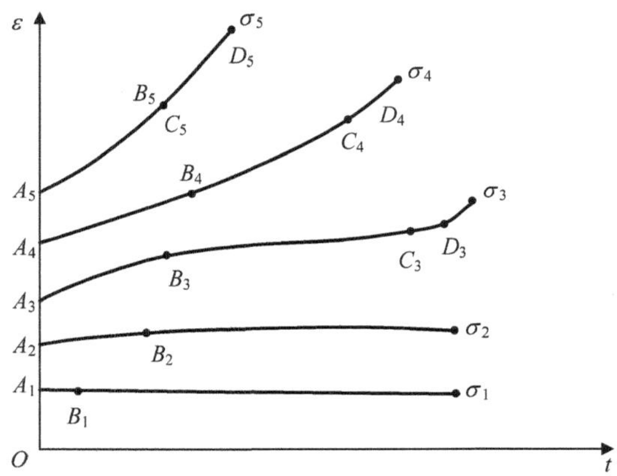

附图 2-2　T 为常量，$\sigma_1<\sigma_2<\sigma_3<\sigma_4<\sigma_5$ 作用下钢筋、钢绞线流变曲线

由图可以看出，在较小的应力（$\sigma=\sigma_1$）下，钢筋、钢绞线实际上不产生流变；在较大的应力（$\sigma=\sigma_2$）下，经过较短的过渡阶段后流变速率可能减小到零；在更大的应力（$\sigma=\sigma_3$）下，可能发生长时间的稳定流变；当应力继续增加（$\sigma=\sigma_4$），流变的发展更为迅速，稳定阶段逐渐缩短；最后当 $\sigma=\sigma_5$ 时，流变由过渡阶段直接到达破坏阶段。

如果在某时刻（$t=t_1$）时卸去拉力，钢筋、钢绞线的应变将减少，这个过程称为“回复”。当钢筋、钢绞线卸载时，首先恢复一部分弹性应变，以后变形将随时间逐渐减少，最后保留不可恢复的残余应变。

如果在钢筋、钢绞线产生某一弹性应变以后，保持应变不变，则钢筋，钢绞线的应力将随时间逐渐减小，这种现象称为应力的松弛现象。松弛现象通常解释为由于材料流变的结果减小了弹性变形，从而减小了与弹性变形对应的应力。

以上介绍了通过拉伸实验获得的与材料流变有关的一些重要性质。为了能够对材料的流变问题进行分析研究，必须在实验的基础上，拟定合适的描述材料复杂变形现象的数学表达式，这种表达式一般表示为若干主要物理量之间的关系，这种关系称为物理方程或本构方程。

根据上述钢筋、钢绞线拉伸实验流变曲线的特征得到以下认识：

（1）全长锚固锚杆杆体钢筋不必考虑流变的影响。全长锚固锚杆没有预应力，受力是与岩体共同变形过程中因约束岩体变形而受拉力作用。随着岩体的变形，全长锚固锚杆受拉，变形由弹性变形发展到塑性变形。因此全长锚固锚杆杆体钢筋弹塑性变形阶段都为工程服务。在服务过程中因应力松弛而使杆体钢筋的应力降低，从而改善了钢筋的受力状态使其远离破坏，这说明应力松弛反而对全长锚固锚杆有利。由此得出结论：全长锚固锚杆是一种最合适的岩体加固结构。

（2）锚索利用施加的预应力为工程服务。从实验获得的钢绞线拉伸流变曲线可以看出，钢绞线应力大小对流变曲线影响很大。附图 2-2 中 σ_1、σ_2 偏小，工程中不可取。下文说明 σ_4 偏大，σ_5 不可取，只有 σ_3 是寻求的合适拉应力。

从附图 2-2 中可以看出，当拉应力 $\sigma=\sigma_4$ 时，流变的发展更为迅速，稳定阶段逐渐缩短；当 $\sigma=\sigma_5$ 时，流变由过渡阶段直接到达破坏阶段，显然 σ_5 也不可取。

锚索相关的规范规定取钢绞线抗拉强度 σ_S 的 60%作为锚索的锁定应力来设计预应力，即 $\sigma_{设}=0.6\sigma_S$。

这里 $\sigma_{设}$ 相当于附图 2-2 中的 σ_3。σ_3 的流变曲线稳定阶段较长，这个阶段的流变速率最小并保持不变，工程中可以利用稳定阶段流变变形来适应岩体较大的变形。

必须指出，这里研究的钢筋、钢绞线流变主要是材料弹性阶段的流变，而且是线性流变。高应力大变形锚索指应力接近屈服应力，变形主要是钢绞线的塑性变形。现以 NPR 钢绞线为例来分析钢绞线的变形过程及产生的后果。

NPR 钢绞线拉力达到弹性极限时，开始产生塑性变形，塑性变形初始阶段出现应变硬化，应变硬化导致变形强化，接着塑性变形分为均匀塑性变形和集中塑性变形。均匀塑性变形阶段较长且均匀分布在钢绞线全长上，使 NPR 钢绞线的延伸率可达 35%。均匀塑性变形之后，钢绞线出现颈缩，产生集中塑性变形，集中塑性变形在颈缩区附近。产生集中塑性变形时钢绞线就离破坏不远了（接近破坏）。

基于上述分析作者认为，NPR 钢绞线的使用变形量应进行控制，建议使用的变形量应控制在均匀塑性变形阶段。

2. 用模型描述流变特性

流变模型是流变学中经常用来描述材料复杂变形现象的一种工具。流变模型通常由 3 种元件即理想弹性元件、理想黏性元件和刚塑性元件组合而成。理想弹性元件用弹簧表示，见附图 2-3（a），其应力与应变的关系是单值的且与时间无关，在线性条件下，这个关系就是胡克定律：

$$\sigma=E\varepsilon \tag{附 2-1}$$

理想黏性元件用附图 2-3（b）所示的阻尼器来表示，通常设它的应力与应变速率成正比，即

$$\sigma=K\dot{\varepsilon} \tag{附 2-2}$$

式中　$\dot{\varepsilon}$——应变速率，$\dot{\varepsilon}=\dfrac{\mathrm{d}\varepsilon}{\mathrm{d}t}$；

K——黏性系数。

刚塑性元件是塑性力学常用的一种理想化元件。它的特征是当物体内的应力小于它的抗拉强度极限σ_S时，物体不变形，当应力达到σ_S时，物体开始流动，变形可以无限增大。刚塑性元件通常由两块互相接触且接触面上具有库伦摩擦所构成的模型来表示，见附图2-3（c）。

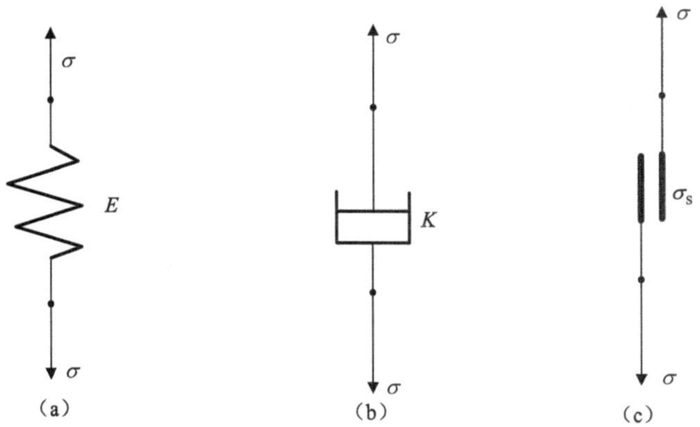

附图 2-3　流变模型中的弹性、黏性和塑性元件

在流变学中上述3种元件中最常用的是弹性元件和黏性元件。不同元件的组合可得到不同的黏弹性模型，用以描述物体的各种复杂变形现象。其中最简单的是由二元件组成的松弛、非松弛模型以及由三元件和四元件组成的弹黏性模型。

1）松弛模型（Maxwell 模型）

松弛模型的相关内容详见7.1节。

2）非松弛模型（Kelvin 模型）

非松弛模型也称凯尔文（Kelvin）模型。非松弛模型由弹性元件与黏性元件并联构成[附图2-4(a)]。根据并联模型中各元件的应变相等、应力为各并联元件之和的条件，可以推导出非松弛模型的物理方程。对于附图 2-4（a）所示的弹性和黏性元件，应变相等，它们的物理方程为

$$\begin{aligned}\sigma_1 &= E\varepsilon \\ \sigma_2 &= K\dot{\varepsilon}\end{aligned} \qquad (附 2\text{-}3)$$

式中 E——弹性元件的弹性模量；

K——黏性元件的黏性系数。

总应力等于各元件之和

$$\sigma=\sigma_1+\sigma_2 \qquad (附 2\text{-}4)$$

将式（附 2-3）代入式（附 2-4），可求得非松弛模型的物理方程为

$$\sigma=E\varepsilon+K\dot{\varepsilon} \qquad (附 2\text{-}5)$$

具有式(附 2-5)所描述的性质的物体称非松弛物体或 Kelvin 物体。

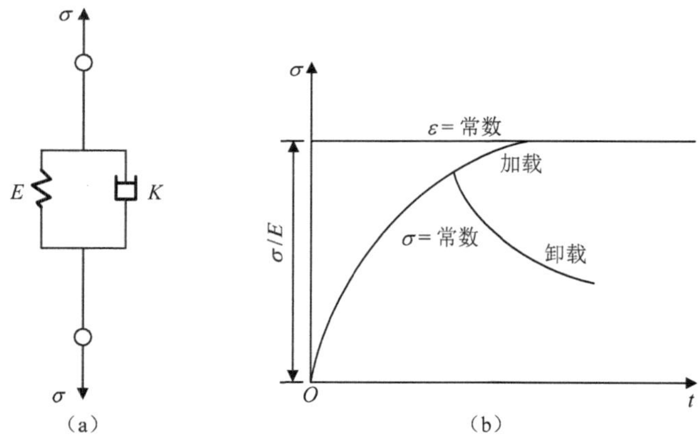

附图 2-4　Kelvin 模型

3）三元件黏弹模型

附图 2-5（a）所示的三元件黏弹模型由 Kelvin 模型串联一个弹性元件组成。

三元件黏弹模型很常用，这个模型比上述二元件模型可以更好地描

述材料的复杂变形现象。研究各元件的应变与应力间的关系可得到三元件模型的物理方程：

$$nH\dot{\varepsilon}+E\varepsilon=n\dot{\sigma}+\sigma \quad \text{（附 2-6）}$$

式中　n、H 和 E——常量，且 $n=\dfrac{K}{E_1+E_2}$， $H=E_2$， $E=\dfrac{E_1E_2}{E_1+E_2}$ 。

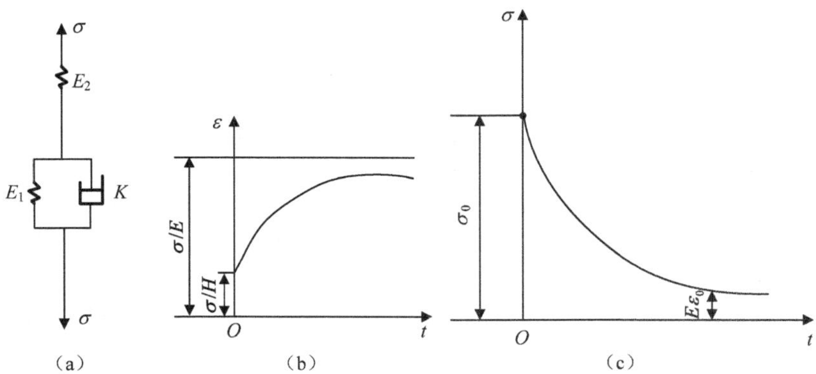

附图 2-5　三元件黏弹模型

下面讨论三元件模型的几种工作情况。

（1）初瞬时作用常应力 σ。在这种情况下，当初始条件 $t=0$ 时，$\varepsilon=\sigma/H$。因为开始加载时只有弹性元件有单独的瞬时变形，根据这个条件，可以由式（附 2-6）求得物体的变形规律为

$$\varepsilon=\frac{\sigma}{H}+\frac{H-E}{HE}\sigma\left(1-\mathrm{e}^{-\frac{Et}{Hn}}\right) \quad \text{（附 2-7）}$$

式（附 2-7）表示的应变随时间的变化如附图 2-5（b）所示。可见应变速率由初瞬时的最大值逐渐趋于零，而应变则趋于 σ/E。

（2）物体获得初弹性应变 ε_0 之后总应变保持不变。假设在初始瞬时，物体产生与 ε_0 对应的弹性应力 $\sigma_0=H\varepsilon_0$，由式（附 2-6）可以求得应力随时间的变化规律为

$$\sigma = E\varepsilon_0 + (H-E)\varepsilon_0 e^{-\frac{t}{n}} \tag{附 2-8}$$

由（附 2-8）式表示的应力变化见附图 2-5（c）。可以看出，物体的应力从最初的 $H\varepsilon_0$ 衰减到最终值 $E\varepsilon_0$。

从上面两种情况的讨论看到，三元件模型受常应力作用时，将产生瞬时弹性应变 σ/H，以后逐渐增大，趋于最终值 σ/E。另一方面，三元件模型在不变应变下，应力将逐渐衰减，但不趋于零。这种现象与钢筋、钢绞线在常应力作用下的实验结果是相近的。

（3）当 $t>0$ 时受变应力 $\sigma(t)$ 的作用。设 $t=0$ 时作用应力 $\sigma=\sigma_0$，以后应力随时间变化。根据叠加原理，由式（附 2-7）可以求出在时刻 t 物体的形变为

$$\varepsilon = \frac{\sigma_0}{H} + \frac{H-E}{HE}\sigma_0\left(1-e^{-\frac{Et}{nH}}\right) + \int_0^t \left[\frac{1}{H} + \frac{H-E}{HE}\left(1-e^{-\frac{E(t-\tau)}{nH}}\right)\right]\frac{d\sigma}{d\tau}d\tau$$

对等号右侧积分，可得

$$\varepsilon = \frac{\sigma(t)}{H} + \frac{H-E}{HE}\int_0^t \sigma(\tau)\, e^{-\frac{E(t-\tau)}{nH}} d\tau$$

令

$$\frac{H-E}{H^2 n} e^{-\frac{E(t-\tau)}{nH}} = K(t-\tau)$$

可简写成

$$\varepsilon = \frac{\sigma(t)}{H} + \int_0^t \sigma(\tau) K(t-\tau) d\tau \tag{附 2-9}$$

式中 H——瞬时弹性模量；

$K(t-\tau)$——继效函数，它表示在 τ 时刻作用的应力对时刻 t 的变形的影响。

式（附 2-9）通常称为继效方程，它的一般形式是由玻尔兹曼（Boltzmann）首先提出的。继效方程式在流变理论中的应用很广。

可以看出，黏弹模型的物理方程既可以用微分的形式[如式(附 2-6)]来表示，也可以用积分的形式[如式（附 2-9）]来表示。显然，对不同的黏弹性模型，继效函数$K(t-\tau)$的表达式不同。

4）四元件黏弹性模型

下面介绍由松弛模型和非松弛模型串联组成的四元件模型，如附图 2-6 所示。

由于四元件模型是由松弛模型与非松弛模型串联组成，因此在单向常应力下四元件模型的总应变等于两个简单模型的应变之和：

$$\varepsilon=\sigma\left[\left(\frac{1}{E_1}+\frac{t}{K_1}\right)+\left(\frac{1}{E_2}-\frac{1}{E_2}\mathrm{e}^{-\frac{E_2 t}{K_2}}\right)\right] \qquad （附 2-10）$$

式（附 2-10）表示的应变与时间的关系如附图 2-7 所示。

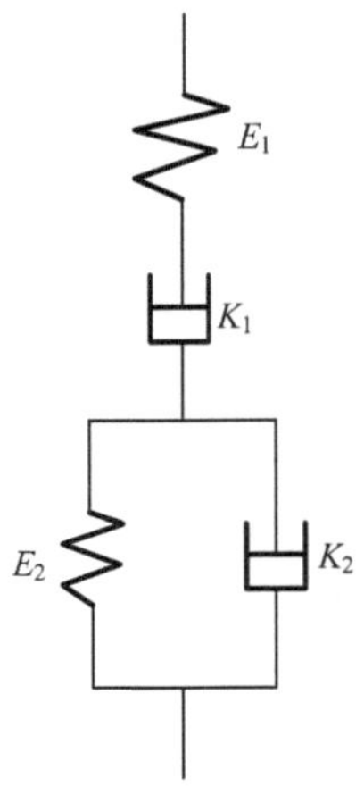

附图 2-6　四元件黏弹性模型

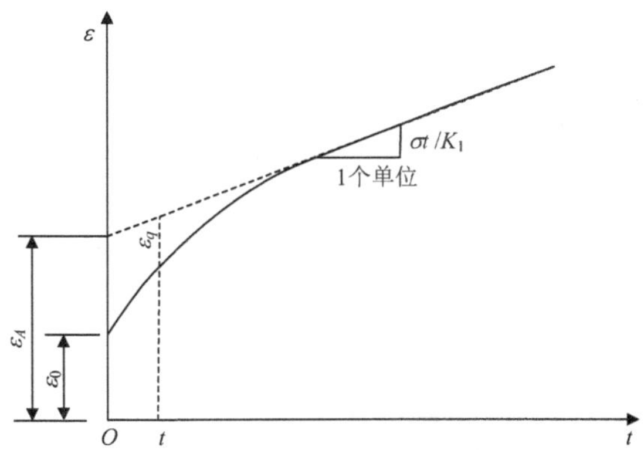

附图 2-7　四元件黏弹性模型σ-t关系曲线

可利用附图 2-7 单向受拉试验曲线求得模型中的参数E_1、K_1、E_2、K_2。

（1）利用瞬时应变ε_0求E_1。ε_0可在图中直接量取，在式（附 2-10）

中，令 t=0，可得 $\varepsilon_0=\dfrac{\sigma}{E_1}$，$E_1=\dfrac{\sigma}{\varepsilon_0}$。由于 σ 已知，因此可求出 E_1。

（2）利用 ε_A 求 E_2。ε_A 为流变曲线渐近线在纵坐标上的截距。当时间 t 很长时，可以略去式（附 2-7）右端的第四项，则有

$$\varepsilon_A=\sigma\left(\frac{1}{E_1}+\frac{1}{E_2}\right)$$

整理后，有

$$E_2=\frac{1}{\left(\dfrac{\varepsilon_A}{\sigma}-\dfrac{1}{E_1}\right)}$$

由于 σ、E_1 已知，ε_A 可在图中量取，因此可求得 E_2。

（3）利用流变曲线渐近线的斜率 k 求 K_1。由附图 2-7 可知，曲线渐近线斜率 $k=\dfrac{\sigma}{K_1}$，则 $K_1=\dfrac{\sigma}{k}$。k 可由曲线上量得，σ 已知，故可求得 K_1。

（4）求 K_2。为了求参数 K_2，在实验曲线上量出任意时刻 t 的流变曲线与渐近线纵坐标的差值 ε_q，则有

$$\varepsilon_q=\frac{\sigma}{E_2}\mathrm{e}^{-\frac{\varepsilon_1 t}{K_2}}$$

两边取对数，可得

$$\ln\varepsilon_q=\ln\left(\frac{\sigma}{E_2}\right)-\frac{E_2 t}{2.3K_2}$$

在半对数纸上绘出 $\ln\varepsilon_q$ 与时刻 t 的关系直线，量取直线斜率求出 K_2 的值。

可以证明，四元件黏弹性模型在常应力作用下，应变速率趋向稳定值 σ/K_1，在常应变下，应力最终衰减为零。由上面的讨论可知，三元件黏弹性模型在常应力作用下流变速率最终趋向于零，且流变是有限的，所以适用于较低应力作用的情况。四元件黏弹性模型在常应力作用下流

变速率不为零，流变最终将导致材料和结构的破坏，所以适用于较高应力作用下的流变分析。

基于此，建议地下埋藏深度较大的巷道、硐室工程，分析岩石流变破坏时采用四元件黏弹性模型描述流变较为合适。

3. 用流变方程式描述流变

研究表明，很多材料的性质并不能用简单的流变模型来描述。因此，在流变力学中常采用在实验的基础上通过假设—实验—理论的方法来建立材料的流变方程式。

下文介绍几种单向应力状态的流变方程理论。

1）老化理论

老化理论假设流变变形与时间之间具有某种函数关系，即

$$\varepsilon_c = f(\sigma, t) \tag{附 2-11}$$

式中　ε_c——流变应变。

考虑材料的瞬时变形，总应变由三部分组成

$$\varepsilon = \varepsilon_e + \varepsilon_p + \varepsilon_c \tag{附 2-12}$$

式中　ε_e和ε_p——分别表示瞬时弹性应变和瞬时塑性应变。当应力未超过弹性极限时，$\varepsilon_p=0$，总应变为

$$\varepsilon = f(\sigma, t) + \frac{\sigma}{E}$$

金属材料在常温和常应力作用下的流变实验结果，函数$f(\sigma,t)$可写成为

$$f(\sigma, t) = \Omega(t)\sigma^m$$

于是得到总应变

$$\varepsilon = \Omega(t)\sigma^m + \frac{\sigma}{E} \tag{附 2-13}$$

当$\sigma=1$时，$\varepsilon_c=\Omega(t)$，故$\Omega(t)$等于单位应力作用下的流变。当 m=1

时，表示应力与流变的关系是线性的，否则是非线性的。

实验表明，当时间 t 较小时，单位流变函数 $\Omega(t)$ 的形状接近幂函数，如果时间很长，而且流变第二阶段 $\Omega(t)=At^{\alpha}\ (0<\alpha<1)$ 的变形很大，以致可略去弹性应变时，可得到更简单的总应变表达式：

$$\varepsilon=Bt\sigma^{m} \tag{附 2-14}$$

式中 B——第二阶段的流变速率。

值得指出的是，老化理论方程式所表示的应力、应变和时间之间仅具有某种简单的函数关系，用老化理论求解问题在数学处理方面比较简单，所以老化理论在工程流变计算中是一种常用的方法。

2）流动理论

第 7 章已做了简介，可以看出老化理论与流动理论的本质是一致的，即认为流变应变或流变速率是应力和时间的显函数，所以流动理论被称为第二老化理论。这两个理论的共同缺点是假设各时刻的应变或应变速率仅决定于该时刻的应力，而与加载历史无关。幸好，锚索、锚杆、工程隧道，采矿中的基建巷道的加载历史比较简单，应用老化理论、流动理论不会引起过大的误差。对于受采动影响的采场和隧道应慎用。

3）继效理论

1874 年玻尔兹曼（Boltzmann）首先提出了线性继效理论的物理方程：

$$\varepsilon=\frac{\sigma(t)}{E}+\int_0^t K(t-\tau)\sigma(\tau)\mathrm{d}\tau \tag{附 2-15}$$

式中 ε——时间 t 的总应变；

$\sigma(t)$——时间 t 的应力；

$K(t-\tau)$——瞬时 τ 作用的应力对时间 t 的变形的影响函数（继效函数），当 $(t-\tau)$ 增加时，函数值单调减小。

为了进一步了解继效函数的意义，研究 t=0 时，施加常应力 σ 的情况，由式（附 2-15）求得应变为

$$\varepsilon=\sigma\left[\frac{1}{E}+\int_0^t K(t-\tau)\mathrm{d}\tau\right] \tag{附 2-16}$$

将式（附 2-16）中的自变量 τ 替换为 $\tau=t-\theta$，即 $\theta=t-\tau$，可得

$$\varepsilon=\sigma\left[\frac{1}{E}+\int_0^t k(\theta)\mathrm{d}\theta\right] \tag{附 2-17}$$

式（附 2-17）对时间 t 求导，可以得流变速率为

$$\xi=\sigma K(t)$$

由此得到

$$K(t)=\frac{\xi}{\sigma} \tag{附 2-18}$$

所以，函数 $K(t)$是试件在常应力 $\sigma=1$ 作用下的应变速率。

由此也得到常荷载下用实验来确定继效函数的简单方法。上文研究的线性规律只在常温时应力和变形不过分大的情况才成立。实验表明，当应力达到破坏强度的百分之几十时，变形就开始不与应力成正比了。求得材料非线性规律的一般形式是很困难的，因此通常寻求形式简化的非线性规律。下面介绍一种非线性继效方程式

$$\varepsilon(t)=\frac{\sigma(t)}{E}+\int_0^t K(t-\tau)f_1\left[\sigma(\tau)\right]\mathrm{d}\tau \tag{附 2-19}$$

式（附 2-19）中只对流变变形采用非线性，弹性变形仍保持通常的线性关系。

继效理论可以描述材料复杂的流变现象，如不同的加载方式，材料性质随时间改变的现象等。

当对各种流变方程式进行比较时可以看出，继效理论不采用类似老化理论和流动理论的假设，而考虑加载过程对变形的影响，所以可以更好地描述材料的实际变形现象。

综上所述，老化理论和流动理论所应用的流变或流变速率与应力、时间的显函数关系是比较简单的，而继效理论的积分表达式复杂得多。因此，在常荷载作用下，或者荷载变化缓慢且单调时，宁可采用虽然近似但比较简单的老化理论或流动理论。只有当荷载剧烈且反复变化时，才考虑采用继效理论。本书第 7 章分析的钢绞线的应力松弛和流变破坏，采用流动理论足以满足工程需要。